佐藤洋一郎［監修］　香坂　玲［編集］

縮小する日本社会

危機後の新しい豊かさを求めて

［生命科学と現代社会］

勉誠出版

はじめに——縮小と豊かさの萌芽

香坂　玲

人口減少とそれに伴う産業や消費の縮小には、危機と消失の言説と、明るいトーンでイノベーションを活用して克服していくという言説が混在している。多くの場合、実はやや楽観的なトーンも、危機や悲観をその前段や前提としている。既にさまざまな書籍や論文が発表され、さまざまな言説が混在する中で、本書は縮小や減少という概念について、少し立ち止まって考えようとしている。

危機の言説は、アクションを起こし、「そのような問題が存在する、あるいは今後起きる」という警鐘を社会に幅広く鳴らすという意味で効果を発揮することは、黎明期にあった環境問題のその後の展開などからも明らかである。ただ、その危機を煽るトーンや報告に対しては、その前提、統計的な根拠といった側面からの検証や議論もなされている。また国レベルでの規制や計画から、地域のルールや祭事に至るまで、具体的な工夫、新しいルールの模索へと議論も移行しつつある。本書では、都市、国土計画、獣害、地域の再生、伝統的産品の生産、その知識の継承といった、個別の現場や具体的な事象に立ち戻って、どのような変化が何によって駆動されているかを考察し、いわば「現場」での検証を試みている。

「少し立ち止まって考える」という点について思いついた契機には、一般の読者を対象とした本書を編集することとちょうど並行しながら、オーストリアのウィーン天然資源大学（BOKU）の研究者らと欧州の専門雑誌に、日欧の都市や地域の縮小のアプローチの相違についての学術論文[1]を書く機会に恵まれたことがある。

その際に気づかされたのは、「縮小」「縮小する都市」という題材をめぐる日本の専門家の論文は総じて、人口の縮小を背景のなかでの「所与」のもの、前提として捉え、どのような対処が可能であるのか、を主題として論じていることである。このような傾向は、一般的な認識として、日本における人口減少の要因が基本的に少子高齢化であり、少子高齢化を避けられないこととして捉えていることと関係があるかもしれない。

一方、欧州では、東欧地域における急激な縮小が、西側への人口移動によって引き起こされているように、人口の増減に、少子高齢化よりも社会、経済的な要因が強く影響している地域も多い。日本以上に人口の移動のインパクトが大きい欧州では、都市や地域の人口増減の周期的なサイクルやそれに呼応したメタボリズム（新陳代謝）等、縮小を線型的な変化と捉えず、多様な変化を内包した現象として捉える傾向がある。より具体的には、東欧地域では、政治体制の変化によって西欧を中心に欧州各地に人口が流出した経緯がある。ドイツでは、政治体制の変化に加え、大規模な炭鉱の閉鎖に象徴されるような産業構造の変化によって、比較的大きな人口移動が起きている。産業構造の変化による人口移動は、日本でもみられるが、移動や土地利用の変化に関しては欧州の方が比較的規模が大きい。産業構造の変化と関連して、工業地帯及びその周辺への環境汚染によって人口が移動している例もある。欧州では、欧州域外からの人口流入によって、見かけ上は少子高齢化が日本ほど進んでいないように見える地域も多いが、少子高齢化は着実に進んでおり、縮小の多様な要因がそれぞれ存在感を示している。

このように類似した言葉や概念で課題を議論しながらも、どこまでが政策や活動で対処可能な枠組みであるのか、という範囲が欧州と日本では大きく異なることに気づかされる。もちろん、人口や社会的な文脈という背景の彼我の差がある以上、当然の結果という声も聞こえてきそうだが、個別の対処についての議論を始める前に、縮小はどのような前提と視点から、どのような駆動要因によって引き起こされているのかという実態の理解に立ち返って対応を構想することが有意義なこともある。

本書は、以上の問題意識を共有しながら、生産人口が減少するということがどのような影響を及ぼすのか、縮小期における地域の将来的な方向性について、さまざまな専門分野、研究対象の立場からアプローチを試みた内容となっている。

既にさまざまな学術分野において、議論がなされていると述べた。例えば都市計画や公衆衛生などの分野においても特集号が組まれている。2013年の雑誌『都市計画』[2]では、縮小期における[3]コンパクトシティの有効性や、コンパクトシティに至る方法が議論されている。土地利用やインフラの的確な誘導、整備により、縮小を契機として豊かな街を再構築する試みが議論されている。特に、本書第一章で詳述されている都市における農業についても寄稿（横張氏）されており、人口増加期にも使われるコンパクトシティというキーワードを使いながらも、縮小期の都市と地域の関係性を再考し、縮小に対する概念的な再検討を促すような特集となっている。

公衆衛生の分野の特集号では、コミュニティーに焦点が当てられ、各地、各セクターの縮小期における対応を概観することを通じて、コミュニティーの自発的な活動に可能性が見出されている。人口減少へと移行してきたこれまでの状況下において、地域社会がどのようなプロセスで、それぞれの状況に応答し、地域マネジメントを行ってきたのか考察が行われている。分野による違いもあるが、先述の都市計画分野の議論以上に、縮小への多様な応答が議論されているようにみえる。縮小の多様な状況、応答を議論する点については、本書と類似性がある。

本書の特徴は、人口減少下における生産現場に着目し、その実態と、今後のマネジメントの方向性について生命科学を基軸としつつ学際的に議論している点にある。さらに、生産現場の課題と可能性について、個人、コミュニティーから都市、国等のより多様なスケールについて議論を展開し、縮小する生産現場をめぐる多面的な理解を促そうとしている点も特徴といえる。

まず、日本における全体的な人口減少の様相について概説しつつ、地域との関係性において無視できない対象としての都市圏に本書では注目している。都市圏レベルでの農のあり方と農の意義について、市街地のみならずその周辺の郊外地域を含む広域の都市圏について俯瞰的な観点から考察している（第一章：飯田氏）。より広域的な観点として、国土計画の観点から、近年注目されているビッグデータ等を活用しながら、どのような対応が求められるのかということについても考察を行っている（第二章：内山氏）。そのうえで、よりミクロな地域にフォーカスし、人口減少下の生産現場において顕在化、深刻化している動物との関係性、獣害について実態の考察を行っている（第三章：岸岡氏）。次に、生命科学の視点から伝統的な産品として、伝統野菜に着目し、歴史・文化的な価値を有する伝統野菜について、健康効果の解明と科学的知見の活用について議論を行っている（第四章：中村氏）。本書では、実態を理解するのみならず、生産現場について、人口減少下においても持続可能なマネジメントを行うための具体的な方策、視点のあり方についても重点的に議論している。まず、産品のみならず、エリアとしてのブランド化が求められる状況下において、農業を地域に根差した魅力ある資源、コンテンツとして捉えなおすことによって、エリアのブランド化のための仕掛けを議論している（第五章：徳山氏）。物的、空間的な面での縮小が注目されがちな人口減少下の生産現場について、地域社会の生産の基礎となる無形の知識に注目し、人口減少が進む中で、どのような継承の方向性が考えられるのか生産現場での知識循環について議論を行っている（第六章：香坂）。

以下では、各章の議論の概要について紹介し、本書の導入としたい。

まず、第一章の飯田氏の論考では、都市農業が「宅地化すべきもの」としての位置づけから都市に「あるべきもの」へと変化するプロセスを議論している。生産現場の縮小は、ある地区や村での現象ではなく、都市から郊外農村部を含む広域都市圏、さらには国土レベルの現象としても捉えられる。都市部においても縮小の波が押し寄せている中で、都市における農地が新たな位置づけを獲得しつつある。縮小期において、都市民に対して農は、災害時の避難場所等のバックアップ機能のみならず、日常的において農のある生活を支え、生物多様性や温熱環境を含む都市環境の質を高める存在として、その重要性を増してきている。複数の事例を基に議論される都市農業の例より、縮小する生産現場の問題が、郊外農村部だけでなく、都市圏レベルの問題としても認識され、都市と農村という区分を超えた縮小をめぐる問題の解決の糸口が特定される兆しがみられる。

第二章で内山氏は、国土スケールの縮小への対応として、データの可視化を切り口として国土全体を俯瞰する観点から、地域の動向の「モニタリング」に立脚した地域、国のマネジメントを行うことを、具体的なデータの可視化事例を交えながら解説、提案している。生命科学においては、ビッグデータを扱うこと自体はこれまでもなされてきたが、その応用先として、地域マネジメントを想定した場合、個々人のレベルから、地域、国のレベルまで、多様な空間スケールを横断した現状のモニタリングが可能となる。その結果、生産現場において、人口増加地区と減少地区がパッチワーク状に分布するような縮小期ならではの複雑な状況に対応する手掛かりを得られると論じている。

第三章で岸岡氏は、獣害をめぐる問題について、自身が居住する地域での実体験も踏まえながら、実態の紹介と、獣害への対応の課題を論じている。動物との距離感、関係性は、人口、生産量等について縮小する生産現場において、以前とは異なる状況が形成されており、持続的に生産を行う環境を確保するために、各地で対策が取られている。岸岡氏が指摘している通り、電気柵の設置や、周辺の藪の整備等の個別の取り組みは、その効果を得るためには、それぞれ単独ではなく統合的に実施する必要性がある。生産に直接的に関わる関係者だけでなく、地域の住民、行政、事業者等の多様なアクターが情報を共有し、連携を進めることが課題として指摘されている。

第四章の中村氏は、伝統野菜に着目しながら、野菜の健康効果に関する科学的データの活用に関して、消費者側に対する訴求のみならず、生産者側への生産の動機にもつながっている点を指摘し、具体的な生産の取り組み事例を基に議論を展開している。また、健康に寄与する成分の含有量は、複数の品目において伝統野菜が優れていることを、京都の伝統野菜を例に解析した結果を紹介している。生命科学の知見の蓄積は着実に進められている一方で、その知見を、縮小する生産現場において、生産者側、消費者側の双方に共有されることによって、地域として多様な価値を有する産品を継承する方向性を見出すことができる。

第五章で徳山氏は、生産現場の持続可能なマネジメントに向けて、地域に根差した資源による地域のブランド化の方策を論じている。特に、農業の生産物としての産品に加えて、農業の営み自体の価値にも着目することによって、エリアとして地域の魅力を共有する、「プレイス・ブランディング」の方向性について、実際に農業に関わる新規参入者を含む関係者への調査を通じて考察を行っている。産品を地域のブランド化のシンボルとして活用することは、これまでも行われてきたが、地域の環境や文化と密接に関わる農業は、そこにしかなく、そこでしか体験できない資源として捉えることができる。生命科学の進歩は、グローバル化と地域の均質化の潮流と同期するかたちで捉えられることもあるが、地域の、そこにしかない資源に注目する視点は、最新の科学的知見を有しつつも、地域の均質化に抗い、縮小期において豊かさを享受する姿勢と深く関係している可能性がある。

第六章で私・香坂は、先述の通り、生産をめぐる「知識」に着目して、縮小する生産現場における持続的な知識循環について考察している。具体的として、シイタケ生産と養蜂の事例を取り上げ、これまで暗黙的に継承されてきた知識の形式知化、マニュアル化の必要性を指摘している。知識を形式知化していくための媒体として、地域名を関する産品名を登録、保護する制度である地理的表示（ＧＩ）保護制度に着目し、産品の科学的データ、歴史・文化、生産の知識を統合的に継承するための制度活用について、制度の特徴と合わせて解説している。GIは農林産品の知的財産の保護を通じて、単に生産振興や輸出拡大を促す手段となるのみならず、地域において持続的な生産に難しさを抱えつつも、文化財的な位置づけの産品を継承していくための手段としても活用され得る点が強調されている。

本書では、危機と楽観を超えて、豊かさの新しいあり方を模索する現場をたどっている。必ずしも解決策を示せているわけではないが、そのミクロな地域の産品、動物、コミュニティーからマクロな地域、都市、国土へと思考をめぐらせる本書は、縮小というプロセスにおいて現れる多様な課題への対応が、豊かさの享受と表裏の関係にあることを示唆している。地域のマネジメントに関して、拡大成長期のパラダイムを完全に塗り替えることはすぐには困難であるが、縮小期において豊かさを享受するための作法、または心構えともいえる地域の課題への対応は、多様な分野、空間スケールで着実に実行に移されている。それらを時間の経過と共に実現することを楽観視できないが、人口や生産の縮小期においてこそ求められる、分野（学術分野、産業セクター）やスケールを横断して地域を理解し、実践を行おうとする姿勢に期待したい。

参考文献

［1］Döringer, S., Uchiyama, Y., Penker, M. and Kohsaka, R. (2019) A meta-analysis of shrinking cities in Europe and Japan: Towards an integrative research agenda. *European Planning Studies*, (in press).

[2] 都市計画学会（2013）都市計画、303号
[3] 梅崎昌裕、田所聖志、馬場淳、濱島敦博（2018）「コミュニティーは高齢化・人口減少にどのように対処するか」日本健康学会誌、84（6）、179頁

目次

第六章　地域資源・産品の知識から考える縮小とその共有化と継承への課題……香坂　玲　212

序論　縮小社会と奥山

佐藤洋一郎

はじめに

地方地域での人間活動の低下は奥山を拡大させる——そういう議論が盛んである。里山での人間活動が低下し、遷移が進んで奥山化が進むというわけだ。奥山の目安として、人間を取り巻く生態系を人間活動の影響の大きさに基づき「里地」「里山」「奥山」という三つに分けて考えることが多い。そして、それらの面積は、弥生時代以来おおむね二、三、五の割合であったともいわれる。生態学の観点からのわかりやすい整理ではあるが、さて、これから本格化するといわれる「縮小社会」にあってもこのような解釈がそのまま通用するだろうか。そもそも奥山とはどういう空間をいうのだろうか。ここでは、歴史学や民俗学などの知見も交えて、奥山とは何かについて考えてみることにしたい。

奥山という語は生態学が考える空間的地理的な区分に比べてもっと観念的な用語であるかに思

われる。総人口が3000万人程度であった日本の江戸時代には、人口密度の希薄な土地が今よりずっと広範に広がっていたことだろう。交通網や照明なども今に比べてはるかに貧弱であった。山を越えての旅は今に比べはるかに困難であった。旅人は時には生命の危険を感じながら旅を続けなければならなかったことだろう。東西をつなぐ大動脈であった東海道でさえ、難所はいくつもあった。

障碍は自然条件ばかりではなかった。人口密度の低い国境などでは治安も悪かったことだろう。ときの政治体制に従わぬ人びとが徒党を組んで旅人を襲うなどの事件も起きていたことだろう。あるいはまったくの異文化空間――異界――が展開する土地もあったのではなかろうか。異界とは自分たちの文化とはまったく違った文化の地域、または異文化を持つ人びとの範囲をいう。

里に住む人びとも、ときに異界を垣間見ることがあった。傀儡子《くぐつ》や白拍子《しらびょうし》など流浪を続ける職能集団と接したときもそうであっただろうし、あるいは、説話などに登場する魑魅魍魎《ちみもうりょう》たち、例えば山姥《やまんば》、鬼、天狗《てんぐ》なども想像上の単なるお話であったと考えるよりは異界での「異常体験」の産物ともみえるのである。山姥は、山の奥深くに住む老婆で、商人が馬の背に載せて運ぶ商品やその馬、時には商人自身をも食ってしまうという恐ろしい存在である。「牛方と山姥」の物語には、山中で山姥に遭遇し、積み荷の塩サバを一尾また一尾と投げながら、そして最後には荷を運んでいた牛をも食われてしまいながらも命からがら逃げかえった牛方の話が出てくる。海沿いの村から都へと、山を越えて魚を運んでいた商人の体験を下敷きにした説話ではないかと想像する。

魑魅魍魎たちはときに、あるいはしばしば里に現れ、人びとを襲い財産を奪った。それも、力にものいわせるだけではなく、不思議な霊力をもってことに及んだ。天狗や鬼もまた、そうした存在であったことだろう。鬼については酒呑童子《しゆてんどうじ》を挙げよう。酒呑童子は京都・大江山に住み、夜な夜な京の都に現れては悪事を働いた。童子は、帝が遣わした源頼光らにより退治されるが、切り落とされた生首が頼光の兜《かぶと》にかみつくほどの怪力の持ち主であった。

山姥も鬼も天狗も、彼らが伝説上の存在であり「心象」であることは疑いがないが、しかしそれらをめぐる説話が全国各地に広く伝わるのは、背景に多くの人に何か共通の経験があったことを示唆している。

ただし現代に住むわたしたちには、奥山を感じるのはたいそう困難である。奥山なる存在が、今はもうほとんど存在しないからである。最近の衛星画像の普及は、全世界を「可視化」させた。可視化といういかにも聞こえはよいが、要するにそれは、世界中の土地を相互監視下においたということである。今や、そこがどうなっているのか外からはわからないという土地はどこにもないのである。このことは奥山がもっていた神秘性が失われたということでもある。

奥山は原生林なのか

改めて問う。奥山とはどのような空間をいうのか。わたしはここで宮崎駿監督の『もののけ姫』を一つの例として挙げようと思う。『もののけ姫』には人を拒絶するかの深い森が描き出されるが、それこそそれが、人の手の加わらない、あるいはほとんど加わった痕跡のない深い森――奥山のイメージによく重なっていると考える。特に西日本では、古い神社仏閣の社叢林の深い照葉樹の森が思い出されて、奥山＝原始の森との整理が受け入れられやすいようである。だが、それは本当だろうか。

日本列島の森は古代以来20世紀後半に至るまでずっと、乱伐により荒れていたと考えられる。むろん荒廃の程度は時期や地域により違っただろうが、人口の少なかった時代には原始の森がたくさんあったと考えてよいものか。ただし、時代ごと、地域ごとの森林の状態がどうであったかを正確に知るよすがはない。情報は断片的である。しかしそれら情報の中で、過去の人びとの手になる絵図に注目して過去の森林の様子をみてみよう。

小椋[3・4]は、京都周辺の森林の状態を、『洛外図』や『花洛名所図会』に基づいて考察した。むろん絵図であるから、写真とは異なりその客観性、正確性を評価することが必要である。小椋は詳細な検討を重ねたうえで絵図の信憑《しんぴょう》性を高いものとして、近世の洛外の山がいわゆる「はげ山」のような状態のところが大部分であったと結論している。大阪平野の東縁にある生駒山の環境についても、『河内名所図会』に登場する絵図が参考になる。頂上付近の一部を除いて今は森におおわれている生駒山であるが、18世紀ころにはほぼはげ山の状態にあったことが想像される。むろん洛外にしても生駒山にしても、奥山というには大都会に近すぎよう。もっと遠くの山には、深い森があったという可能性はもちろんある。しかし後に述べるように、暮らしに使われるエネルギーがほぼ薪炭に限られていたこの時代に、手つかずの森が広範に広がっていたとも考えにくい。里地—里山—奥山が同心円状に広がる、チューネンの農業立地論のような議論は成り立たないのではないか。奥山とは人間活動の強さなど地図の上に引かれた線で区分される地図上の存在ではなく、むしろもっと観念的なものと解釈すべきものであろう。

森林はなぜ変遷したか

今みてきたように近世から近代初頭には、日本列島の森林は大きく後退していたといわれる。戦後の日本では生活に使われるエネルギーの多くが石油に依存している。電化製品をうんぬんする意見もあるようだが、電気もまた、その多くが石油から作られてきたことを考えれば、「石油依存」という言い方に誤りはない。それ以前の日本では、生活の場面で使われるエネルギーの多くは薪炭に依存していた。森が切られ、薪炭にされた。このことは近世でも同じであったようだ。

近世の日本には「大都市」ともいえる都市がいくつかあった。それら大都市が急速に発展を遂げるとき、大量の材木が消費された。森の樹木は切られていった。建造物が大型化することで、巨樹が狙い撃ちされた。しかも大都市はしばしば大規模な火災にあっている。火災のたびに木材需要が沸騰した。当然、森林の伐採圧は高まった。

そのためか江戸幕府は森林保護には厳しかったという。中世の森林破壊はさらにひどかったことだろう。戦国時代には大規模な戦闘が繰り返され、町の焼き討ちやにわかの築城などが打ち続いた。17世紀初頭の大坂の陣では、浪人10万人が半年にわたって城にこもっていたというが、その炊き出しに使われた燃料だけでも膨大な量になるだろう。戦国の世とはそういう時代だったのであろう。

このようにみてみると、中近世の日本の森は相当に乱伐されて荒れていたものとみられる。当然、里山は言うに及ばずその周辺の森も荒れていた。

乱伐は明治に入ってからも続いた。富国強兵の政策による急激な都市化や産業化がその理由である。つまり、中近世から近代にかけて、日本列島の森林は大きく伐られ、そして荒れていたのである。

こうした状況下で、当時の奥山はどういう空間であったのだろうか。わたしたちに強い印象を与えたのが先述の『もののけ姫』である。奥山は、人の手の加わったことのない、つまりは無人の空間だと考えられてきた。たしかにそこは、農耕のような人間行為とは無関係の空間ではない。しかしこのことは奥山がまったくの無人の空間であったことを意味しない。農耕のような繰り返し加えられる攪乱《かくらん》を受ければ、森は原生林から二次林へと姿を変えるだろう。それは奥山が里山へと姿を変えてゆく過程でもある。しかし、人間活動が反復せず、あるいは弱い場合には、森は原生林へと戻ろうとするだろう。むろんそれはあくまで疑似的な原生林ではあるのだが。この過程は、「森」が「人間」を攻める過程でもある。後述の、過疎地に暮らす人びとがもつ「山が攻めてくる」との印象はここから来ている。

なおこの地球上には、かつて一度も人の手が加わらなかった原生林はもはや存在しないと言われる。日本でも、青森県と秋田県の県境に広がる白神山地が人の手が加わらない原生林におおわれていると言われたことがあったが、それは誤りである（このあたりの事情は文献［5］に少し詳しく書いてある）。

奥山の住人たち

奥山にいた人びとは、民俗学でいう「山の民」と呼ばれる人びとにも重なるであろう。――それは非農耕民であったとも思われるが――いっぽう永松は日本人の山に対する異界観を「特定の職業のなかに規定されて存在するものではない」とする見解を述べている。[1] つまり、狩猟という動物をとる生業をもっぱらとする集団がいたのではなく、農耕社会の一部が補助的に狩猟という生業を担っていたというのである。

当時里地の農耕民は奥山にほとんど足を踏み入れることがなかった。しかし中世末になると、例えば木曽がそうであったように「米納や金納の替わりに木材を年貢として上納している場合」もあった。[2] つまり農耕社会の論理による森林管理が広まり、相当の山奥にまでその影響が及んでいる。こうした山には炭焼き窯などもあって農耕社会の生業の一部に組み込まれていたようである。

また、九州の焼畑従事者の中には狩猟する人びとがいるから、永松の指摘は当を得ているとも思われるが、しかしはたしてすべてがそのケースかといえば疑問がなくはない。主たる生業を山での狩猟・採集によってきた集団がほんとうにいなかったかはわからないのではないか。2頁に書いた異界の人びとに光をあてる努力をもう少し払ってみたいとも思うのである。記録や史料など確たる証拠があるわけではないのだが、書いた記録を残さなかった文化は過去にいくらもある。奥山という、農耕社会の視点からみた存在は、後に述べるように必ずしも深い森におおわれてはいなかったし、また今みたように無人の空間でもなかったのだろう。そこにいた異界の人びとがどのような暮らしを営んでいたのか詳しいことは何もわからないが、記録がなかったことをもってその存在を否定するのでは狩猟採集文化も遊牧文化も、その実態を解明することなどできまい。人類は、異文化は特に対立しつつも長い目で見れば融合し新たな文化を生み出してきた。狩猟採集を生業とする人びとが現代日本にいないからといって、過去にもいなかったと断定するわけにはゆかない。

20世紀後半の奥山

状況が変わったのは、第二次大戦後のエネルギー転換後のことである。それまでの時代、暮らしのエネルギーは薪炭など生態資源に頼っていた。それが電化製品の普及などにより薪炭の利用が減り、その結果、森林伐採は激減した。重ねて、材木の利用も減少した。皮肉にもこれらのことが森林の回復につながったのである。ただし、森林の回復と森林資源の回復と同義ではない。その森が人間社会にとって有益かどうかが問題である。

西日本のある県で調査をしていたときのことである。ある農家のご主人Yさんがこう語ったことがある。

「山が攻めてくる、という表現が理解できますか。緑の地獄という言葉がわかりますか」

春から秋にかけての季節は、毎日が雑草とのたたかいの日々であるという。ブッシュカッターを使っても、屋敷周辺を一とおり草刈りして最初に草刈りをしたところにもどってみると、もう草ぼうぼうの状態になっているという。こういうとき、家屋敷ごと暮らしを山に飲み込まれてしまうのではないかという恐怖を覚えるという。Yさんにとっては、森は資源というよりも自分に敵対する存在である。

それは主観ではないのか。そういう声が聞こえてきそうだ。確かに「山が攻めてくる」などの感覚はYさんの主観そのものである。しかし、人の暮らしをはぐくみ、農耕の営みを助けるという機能を失った森の経済価値は著しく低い。先代、先々代が自分たちの世代のために植えたはずのスギやヒノキの森までが、期待されたほどの価値は生まず、逆に花粉症の元凶として厄介者扱いされる始末である。

加えて、本書でも第三章で取り上げる獣害という問題が、過疎地域の暮らしに重くのしかかる。獣害は今に始まった問題ではない。極論すれば獣害の起源は人間が農耕を始めた時にまでさかのぼる。要するにそれは、植物資源の取り分をめぐる、人間と他の動物の紛争である。獣害をことさらに現代的問題として考える考え方には賛成できない。日本でも滋賀県などには獣害対策を施した痕跡をすでに江戸時代にみることができる。猪垣《ししがき》がそれである。

獣害の被害程度は、人間と動物たちの力関係で決まる。人間活動が活発化し攻めているときはそれほどに感じないが、両者の活動が均衡し、あるいは人間活動が低下してゆく段階では、被害はことさらに大きくなる。既得権を失っているようなものである。

このように、地方地域では、総人口の減少が問題視されるようになる前から、人口減少や高齢化が潜在的な問題として語られてきた。何も今に始まったことではないのだ。この半世紀ほど、日本では、森は確実に増えてきている。それまで里地であったところが、遷移によって森林へと姿を変えつつあるのである。それはある意味で、古代の森の回復でもある。人間にとって都合のよい、あるいは望ましい森であるかはわからない。二酸化炭素の吸収源としては正の方向に作用するかもしれないが、遷移の瀬戸際で暮らす人びとには自分たちの暮らしを攻める、不快な森でもあるのだ。

縮小する里地と拡大する里山

むろん、Yさんの暮らしを脅かす森は、原始の森ではない。樹種やその他の生態的な環境からいえば、里地の里山化が起きているということなのではないだろうか。20世紀の前半、人間活動の活発化は里山の里地化を促進したが、今はその逆のことが起きている。だから、山が「攻めてくる」ように受け止められるのである。しかしYさんにとっては、その森はやはり奥山とみえているのではないかとわたしには思われる。

わたしは、社会の縮小が急速に進む日本社会の将来の姿がここにあるように思えてならない。つまりそれは、国土の二極化である。いうまでもなくこの一方の極は人間活動の極致としての都市であり、もう一方の極は奥山である。社会の縮小は、人口を一層都市に集中させてきた。社会のさまざまな分野に一律に起きるのではない。地域差ももちろんある。縮小がもっとも先鋭的に、そして激しく起きているのが地方地域の農業分野であることは言をまたない。今の勢いで縮小が進めば、そして何も手を打たなければ、山間地にかろうじて残る農耕地もやがては廃絶し、奥山へとその姿を変えてゆくことだろう。

参考文献

[1] 永松敦（2005）「九州山間部の狩猟と信仰」池谷和信・長谷川和美（編著）『日本の狩猟採集文化』世界思想社、174〜203頁
[2] 西川善介（2007）「日本林業史論1」専修大学社会科学年報41、175〜190頁
[3] 小椋純一（1986）「洛中洛外図の時代における京都周辺林――「洛外図」の資料性の検討を中心にして」国立歴史民俗博物館研究報告、11、81〜105頁
[4] 小椋純一（1990）「京都近郊山地の植生史――絵図による近世の植生復元を中心にして」植生史研

究、5、39～47頁
［5］佐藤洋一郎（2005）『里と森の危機《クライシス》――暮らし多様化への提言』朝日選書786、朝日新聞社

座談会◉　縮小する生産の現場と現代日本社会

佐藤洋一郎
香坂　玲
飯田　晶子・内山　愉太
岸岡　智也・神代　英昭
徳山美津恵

◉縮小する社会

「縮小」という新たな局面

佐藤　本書の書名には「縮小」という二文字が入っていますが、最近よく聞くようになったこの語の意味を語るところから始めたいと思います。

日本では戦後70年の間、つまり1945年に第二次世界大戦に敗れてこのかた、総人口も、社会全体の生産も、国家予算も、いろいろなものが増え続けてきました。もちろん細かく見てゆけばそうでないところもありますが、全体を見渡すと、増加、または拡大基調にあったのは確かです。いや、そういうふうに考えられてきました。

ただし、1960年代に入ると、一部の地域では人口減少が始まります。図1は、わたしの故郷である和歌山県串本町における1950年から

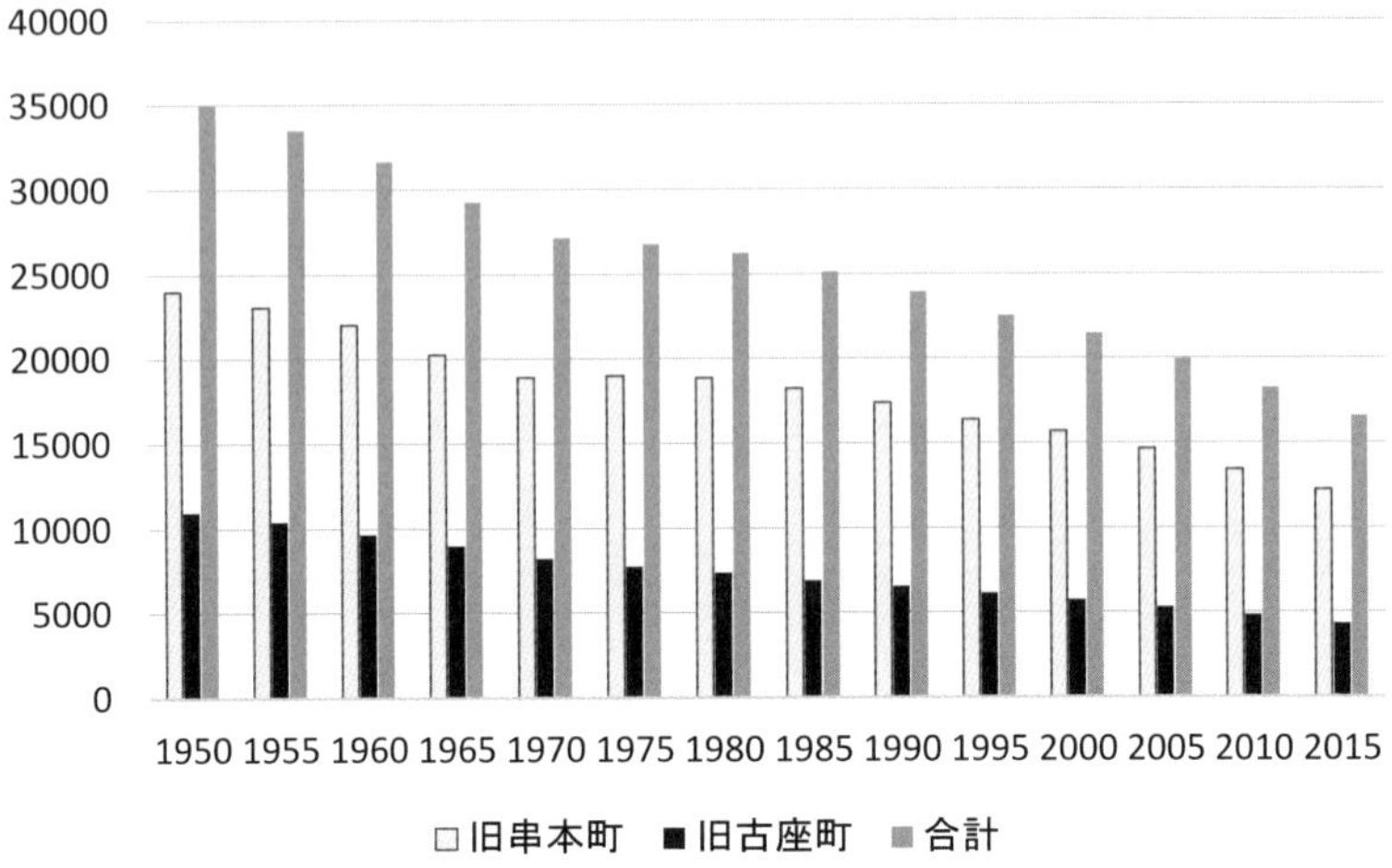

図１　串本町の人口推移（1950年～2015年）

２０１５年までの人口の推移を示しますが、１９７０年代の一時期を除けば人口はずっと減り続けています（なお現串本町は、旧串本町と旧古座町が２００５年に合併して生まれた）。この65年間に人口は約３５０００人から１６５００人余りにまで減少します。なんと半分以下にまで減ってしまったのです。年あたり２８０人ずつ、率にして１・７パーセントもの率で減ってきているのです。ただ、日本の総人口は２００７年までは増加し続けていましたし、また学界もマスコミも「過疎」という語は使いましたが、それはあくまで「部分」であって日本社会はずっと「拡大」「成長」を続けてきたと考えてきたのです。

串本町に限らず日本の地方地域では、ここ半世紀もの間、人口減少による地方自治の衰退、地方経済や産業の衰退に見舞われてきました。「平成の大合併」といわれた２００５年の自治体の合併も、その背景にあったのは人口の減少でしょう。それだけではありません。集落に１軒はあった店、それらは何でも売っている何でも屋さんだったのですが、村人の命綱のような存在であったそれらが廃業するようになってゆきます。町の中心集落の商店街も、人口減少で1店また1店と、櫛の歯が欠けるように店を閉じ、それまでは商店街に行けば一通りものが手に入ったのに、そうはいかなくなってきました。そこへ大型商業施設がやってきて、商店街の店の閉店が加速しました。そして今、それらの大型商業施設の撤退があいついでいます。でも、かつての命綱はもう店を閉めています。結果、「最寄りの店は15キロ先のコンビニ」といった状況になってきています。卵1ケース、ティッシュ1箱買うのにも車で半時間かけて行かねばならないのです。

地方に行けば、風光明媚なところは観光で食ってゆけるという安直な考えはもはや通用しません。若者は町の外に出てしまい、残るは高齢者とわずかな子どもだけ。観光産業を新たに起こそうにも、その人手がない状態です。人が減るというのはそういうことだと思います。これまでなら人に頼んでいた作業の担い手がいなくなってゆく。そうするとその作業は誰かがやらねばならなくなる。結局は、一人ひとりの受け持ち範囲が広くなるわけです。言い換えれば一人で何でもやらなければならなくなるということです。

農業分野の人手不足はとても深刻です。本書でも、この点に大きな力を割いているので詳しくお読みいただきたいと思いますが、この問題は経済合理性だけで語ってはならない問題と思います。

２００７年以降の総人口減少局面に入って、過疎地域に固有であった問題が都市部でも起きるかもしれないことに、一部の人がやっと気づき始めます。国もようやく重い腰を上げ、研究会を走らせます。そこで出された「限界集落」「縮小社会」などの語がマスコミにも登場するようになってきました。

それでも、世間では、「縮小」の意味がまだよく理解されているとはいえません。もう10年も前、ある企業の創立何周年かのパーティーに呼ばれて講演したことがあります。そのとき、ちょっと迷ったのですが、この「縮小」をテーマに話をしました。社会が縮小すると、総人口が減り、それにつれ消費も減ります。高齢化が進むので、消費財、とくに食料の消費はどんどん減ってゆきます。すると生産も減らざるを得ない。企業活動も当然衰えるでしょう。税収も減って行政もその規模を小さくせざるを得なくなるでしょう。話を聞いた社員たちの反応はさまざまでした。しかし、社長さんの感想がいちばん印象に残っています。「話はよくわかったが、しかし経営者とは、それでも自分の会社はどうすれば大きくなるかを考えるものだ」と。

その気持ちはわからないではありません。きっと、経営とはそのようなものなのでしょう。でも、消費が減るのは、ある意味しかたのないことです。どうしてもそれは困るというなら、国が、ちゃんと対策を練るべきことでしょう。縮小社会が来ることは、もう何年も前からわかっていたことなのですから。今大切なことは、縮小期にある時代の生き方、生業のあり方、企業の運営や行政組織の動かし方を研究することだと思います。社会の縮小は、人類がしばしば経験してきたことです。人口は、ある地域単位で見れば、決して右肩上がりで増え続けてきたわけではないのです。

本書は、この「縮小」を真っ向から取り上げるものですが、それをネガティヴに捉えるのではなく、まずは客観的に眺めてみて、それからもし問題があるのならば、――もちろん問題山積の状態なのですが――どうすればよいかを学問の課題として考えてゆきたいと思っています。

日本を含めて、世界の先進地域は第二次世界大戦後の70年間、ほとんど「縮小」を経験していません。

ところがここにきて、すごい勢いで縮小が起こってきた。今までは想定する必要がなかったそのような条件の下で、里山の問題というのは、どのように考えたらいいのでしょうか。

東京にいると、日本全体が全然見えなくなります。ぼくも週に1回京都へ帰って、あとの日は東京にいる生活を2015年から3年間していました。つくづく感じるのは、東京だけが元気だということです。京都に帰ると、火が消えたようにシーンと静かです。私の家は京都駅からそんなに遠くないところですが、獣害で大変です。そういう状況が当たり前に起こっている。農家の人たちは、獣害で、経済的な損失も大きいのですが、精神的にすごく痛めつけられています。

そのような状況も、いわゆる世界の先進地域が

佐藤洋一郎

初めて経験したことだと思います。しかし、政治経済の世界を見ていると、今でも「成長戦略」というような言葉を使う人がいっぱいいます。いったい何を見ているのか、とさえ思います。これだけ社会がシュリンクしていくと、いろいろなものが変わっていきます。里山の問題も、一から理屈を組み立てないといけないようなことがあるのではないかと思っています。

香坂　発信される情報や概念についての受け手側の社会のキャパシティー、リテラシーの問題がまずあると思います。本シリーズのテーマでもある生命科学、農学や関連する情報技術は狭い意味では進歩していきますが、その科学と相互作用すべき社会の側が、それをどういうふうに受け止めていくのか。多分、この「縮小」という言葉自体をめぐっても、いろいろ科学的な立場というか、研究者からの複眼的な発信も必要ではないかと思います。

「縮小」は必ずしも日本固有の問題ではなく、欧

香坂玲

州等でも共有されている問題です。現在、オーストリアの研究者と、欧州の縮小都市の議論を概観していますが、日本は「少子高齢化による人口減少を所与として一般的な対策を議論する」という傾向があります。対して、欧州では「少子高齢化以外にも産業衰退、政治体制の変化、グローバリズム等の多様な人口減少の要因を有しつつ、縮小期の経済的な周期性、建造環境のみならず社会・文化的な側面を含むメタボリズムの観点から、縮小を悲観一色ではなく、チャンスととらえる」論調もあります。条件は異なるので単純な比較はできませんが、多様な要因に対して多角的なアプローチがなされており、少なくとも思考停止はしていない傾向があります。

受け手側の話と、それから「縮小する生産の現場」という言説に対して、どういう科学的な方法やアプローチがあるのか、あるいは情報を受けるにあたってどういう不確実性があるのか、ということについても、少しお話ししたいと思います。「縮小」ということが出発点にありますが、本章の前半部分では、実際、どういうところが、どういうふうに減ってきているのかということを、それぞれの分野で、数字などを示しながら議論していきます。

基本的な話になりますが、農家の人口はどうなっているのでしょう。統計の取り方や定義によっても変わってきますが、１９９０年と比較すると、確かに数の上では減ってきています（図2）。

ただし、生産者人口が減少する中で、地域的な特徴や、あるいは補助金や農地にかかわる制度の変革とその柔軟な運用、そういったものについても、十分に議論していかなければならない。特に土地やモノからヒトによりフォーカスする必要性も地域の会合では感じます。

この章ではさまざまな専門の方々と、いろいろな切り口で議論を試みます。リテラシーの面からいうと、数字や情報の見方も利害関係によって変わります。したがって、本書全体では、視点によってこういう注意点もある、ということを述べていかなければならないと思います。

この座談会には、空間や立地をご専門にされている方と、流通や商品、あるいはブランド化ということを考えている方が参加されています。これまでは、このような立場の違いを越えて一緒に議論することは、多くはなかったように思います。

立場の違いを越えた取り組みの萌芽としては、たとえば、日本商工会議所の「まちづくり・農林水産資源活用委員会」の中で、第1次産品を作ってブランド化して売っていこう、そしてそこから発生する人的交流や観光を考えていこうという部

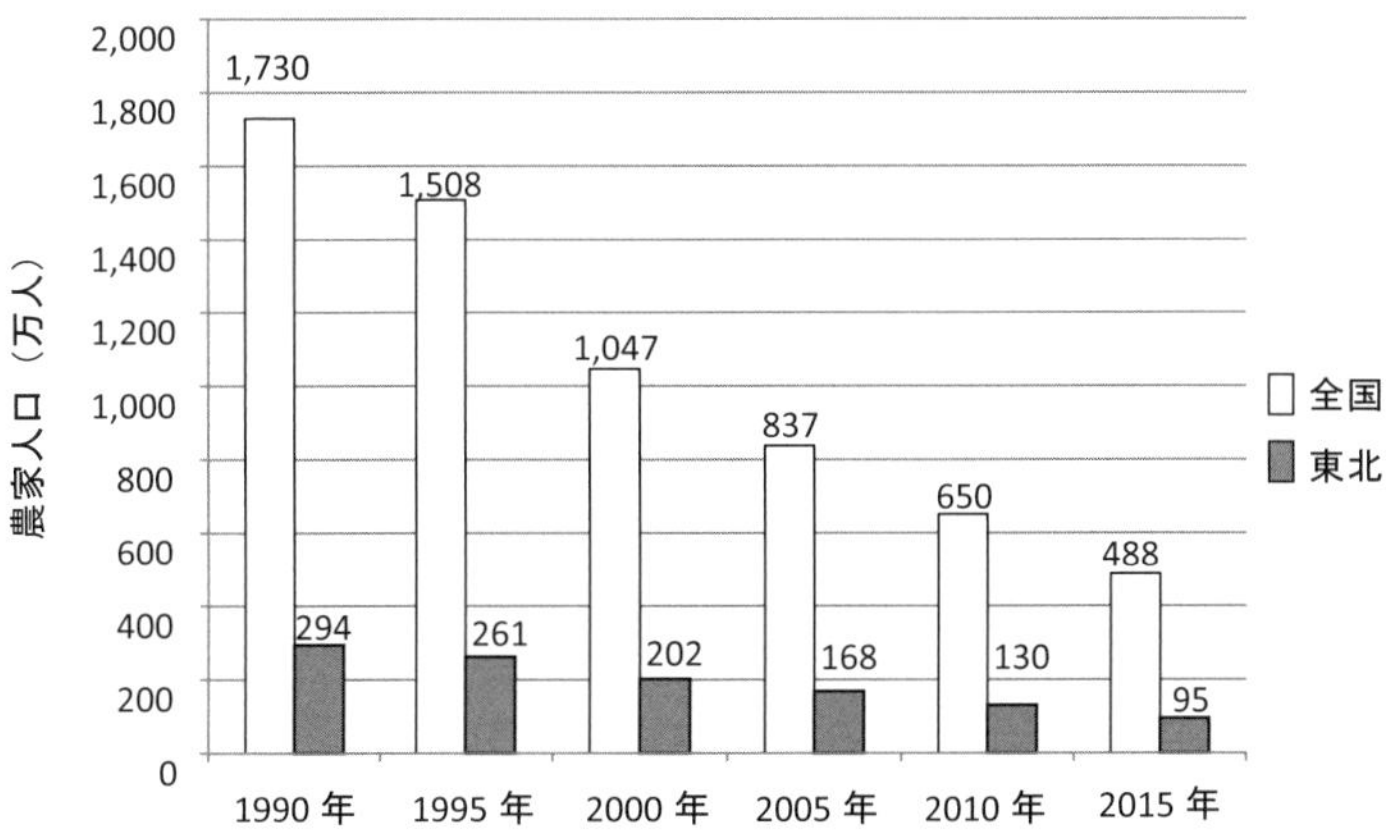

図２　生産者数（農家人口）の変化（農林業センサス、農業構造動態調査）

会と、商店街のあり方やエリアマネジメントと人の流れなどを考える部会が、一緒にやってみようという動きが起こりつつあります。

まだ小さな動きですが、今まで全く別々に語られてきた問題について、新しい実験的なアプローチをやらざるをえないというところに来ているのかもしれません。ピンチであると同時に、イノベーションを生み出そうとする動き、そういう萌芽もあります。本章の後半ではそういった、希望のある話をしてみたいと考えています。

獣害の広がり

岸岡 私は獣害の分野で研究をしていますので、獣害の広がりについて少しお話をいたします（第三章参照）。

この10年ぐらいを見ると、野生動物による農業被害の額は、一貫して200億円程度で、あまり変わらずに推移をしています。

これにはどういう要因があるのかは難しいのですが、「対策の効果は出てきているが、一方では被害が発生する場所が増えている」「ある特定の場所の被害は減っているが、被害面積が増えているので、トータルとしては一定を保っている」という印象を持っています。対策・制度は進んでいるが、被害が発生する場所が増えているので、全体としては変化していないのではないか、ということです。

私は石川県の能登半島にいますが、ここにも10年ほど前から被害が出始めています。特に奥能登地域では、平成22年頃から深刻な被害が出始めて、地元の農家も行政もとまどっているというのが、今の状況です。

香坂 被害額全体には大きな変化はない、しかし被害エリアは増えてきている、ということですね。私は、金沢界隈の新聞・メディアに接していますが、石川県は戦前から戦後の長い期間にわたって、獣害の北限あるいは空白地域というか、獣害があまり出ないエリアでした。しかし最近では、たとえばシカのオスに加えてメスも石川に入ってきています。まだ繁殖はしていませんが、そういうエリアの拡大情報に接する機会が非常に多くなりました。でも日本全体で見ると、被害額は急激に増えているわけではない、そのような理解でいいでしょうか？

岸岡　そうですね。対策と拡大とがトントンで進んでいるという感じです。

佐藤　だいぶ前に山口県で、ある農家の方にインタビューしたときにいわれたことがあります。その方はシイタケを作っていましたが、シイタケは、雨の後に収穫すると重くなるので、そのほうがいい。もう収穫できるのだけれど、もう1日おけば、あしたは雨だから、その後であさって収穫しようと思った。それで翌々日に畑に行ってみたら、全部獣害にやられていた。そんな経験を何回かして、経済的にももちろん痛かったのだけれども、「もうあれはな、心を病むんだ」とおっしゃっていました。そういう精神的な部分も、計算はできないけれども、すごく深刻なようです。

岸岡智也

岸岡　獣害対策にかける労力は、何のプラスにもなりません。マイナスをただゼロに戻す作業であるというところが、農家にとってすごく重いものなのだと思います。

徳山　獣害のエリアが広がってきているということですが、地域をまたいで、全体として問題を共有するというような動きはないのでしょうか。

岸岡　なかなか進んでいないというのが現状だと思います。たとえば、能登で被害が進んできたという、ここ数年の状況になっても、自治体の担当者は一から試行錯誤して対策をしています。これまでほかの場所で積み上げられてきた対策のどういうものが有効なのかということが、なかなか現場の担当者に伝わっていないようです。

基礎自治体である市区町村の担当者は、ひとりだけしかいないことも多いようです。その担当者が自分でどれだけ知識を吸収できるか、そこに大きく影響されてしまう。個人に託されているということが、対策の知識がなかなか広まらない要因だと思います。

香坂　一方で、ひとつの県だけで対策をすると、隣の県に逃げていくというようなことが起きてしまう。そこで逃げられないように複数の県で一斉に追い込む、このようなことを行っている自治体もあります。北陸や関東でも取り組まれていると聞きますが、広域的な対策は進んでいないのでしょうか。

岸岡　複数の自治体で協同して、ひとつの山域、ひとつの生息域を同時に管理することについては、進めたいという意図は感じますが、なかなか困難なようです。いくつか事例はありますが、現状を聞いてみると、情報共有にとどまっているといった事例もあります。うまくいっている事例はそれほど多くないはずです。

飯田　獣害は特に北に拡大している、ということはいえないでしょうか。私は都市計画の立場で、主に都市を対象にしていますが、都市近郊部で重大な被害が増えているという話はよく見聞きしています。私が実際に現場に入っているところでも、電気柵などがないとどうしようもない。これは東京でもある話です。重大な被害が都市側に押し寄せてきているというデータはあるのでしょうか。

岸岡　具体的なデータはないかもしれませんが、一般的な実感としては、都市部に被害が広がってきているといわれています。

岸岡　全国的な生息域の拡大から、もっと狭い範囲での野生動物の侵出に目を向けてみると、イノシシやシカが、山から人が住んでいるところに出てくるというのは、人と野生動物、もしくは人と里山とのかかわり合いが変化したからではないでしょうか。里山に人が入らなくなったということが、影響しているのだろうと思います。

人間と野生動物の関わりかた

香坂　獣害対策の費用に関しては、被害額に対して対策費が増加していて、それで被害額をなんとか抑えられているという状況なのでしょうか。

岸岡　実際に国や自治体が出している予算の額は、被害額よりも多くなっています。費用対効果でいうと、効率的ではないのかもしれない。しかし表面上の被害だけではなく、農家の意欲にまで影響を与えているということを考えると、それだけ費用をかけるべきものなのかもしれません。

香坂　細かい話ですが、シカやイノシシは完全に駆除の対象になっていると思いますが、クマについては、西日本では保護の対象でもあるはずです。単純に減らすだけではなくて、うまくバランスを取らないといけないということですか。

岸岡　クマは保護の対象にもなっているので、数を減らすという対策、つまり個体数調整がかけにくい獣種です。クマがほかの獣種と特に違う点は、農作物被害だけでなく、人的被害があるところです。

人的被害まで考えると、被害を受けるのは農家だけではなく、地域の住民全体になります。そのため、逆に地域全体の意識が高まって動物との共生という考えが深まるという面はあるかもしれません。

佐藤　このごろの獣害は、都市部にどんどん広がってきています。われわれ人間は境界を設けていますが、野生動物はそう思っていない。サルなどは平気で住宅街に入ってきます。

香坂　人間のテリトリーに入っても嫌な目に遭わないということを、世代を超えて学習していくということもありえます。一般にサルを含む野生動物は人目につくことを好まないので、人目を避けられる場所を減らすということも対策になるかもしれません。

佐藤　都会ではみんな働きに出るので、都会の住宅地は昼間はほぼ無人です。サルにしたら、怖くもなんともない。そんな環境ができあがっているので、都会の真ん中は野生動物にとって侵略しやすい場所になってるのだと思います。

徳山　獣害対策はもちろん重要ですが、残念だと思うのが景観への配慮です。去年、豊岡市にコウノトリを見に行ったのですが、田んぼの周囲にネットが張りめぐらされていて、田んぼに情緒がなくなっていました。里山において、景観を守りつつ獣害対策もするといった、そういう視点が欲しいと感じます。そうしないと、人がどんどん流出していくだけなのではないでしょうか。

神代　都市部に獣害が出てくるのは、昔は里山に人が住んでいたからです。里山から人がいなくなったので動物が都市まで下りてくるようになったのです。そのことを、多くの人がわかっていません。都市の人が農村の変化に気づかないうちに、里山が奥山になってしまった。

景観を守りながら農村を再生するということはもちろん重要ですが、景観が地元にとってはお金にならないのも現状です。鳥獣害対策を防ぐための活動に都市の人がかかわるといったことを考えないと、都市の人にとっては農山村や里山の問題について当事者意識を持てないような社会になってきていることも事実ではないでしょうか。

確かに人が減り、土地が荒れているということは、数値としては明確で、多くの人の目を引きます。しかし、その背景でどういうことが起こってきたのかを、多くの人が考えるまでには至らない。

都市と農村には心理的な距離があり、どこか他人事《ひとごと》のように農村の過疎化は進んでいるし、一方で都市の過密化は進んでいる。増田寛也氏の「地方消滅」論を代表として、危機をあおるためにセンセーショナルな数値が使われていますが、そこに住んでいる人たちを置いてけぼりにした話ではないかと思います。

内山　縮小期にはネガティブな情報ばかりが広まっていきます。獣害に関しても、どこで発生しているかということ自体、なかなか共有しづらい。

都市は単なる消費の場か?

香坂　獣害の話で、ここまで主に農村地域に関する意見をいただきましたが、「縮小する生産の現場」という観点で、都市のトレンドを、定量データを含めてお話しいただけますでしょうか。

飯田　私は都市計画を専門としています。日本の人口が全体として減少しているのは、ご存じのとおりだと思いますが、図3の地図は、どういった場所で実際に人口が減っていくのかを示した図で、国土交通省の国土数値情報を用いて作成したものです。これによると、2010年から2050年にかけて人口が増加するのは、日本の国土のうちのたかだか2%に過ぎません。東京でも人口が今より増えるのはごく一部で、東京近郊でも20~30キロ圏を越えると、人口がどんどん減っていくような地域が多くなっています。

全国的には全く人が住まなくなる土地も20%近くあり、自然に返っていく可能性が高い。また2050年までに50%以上人口が減る地域が44%、0~50%未満の間で減るところが35%あります。第一章でも詳しく言及しますが、都市での人口減少は、全国平均と比べるとやや緩やかではあるものの、それでも確実に近い将来起こると予測されています。

戦後、経済が成長していく過程で、道路や上下水道といった、都市基盤の整備が行われ、都市が拡大してきました。一方、人口が減少すると税収

飯田晶子

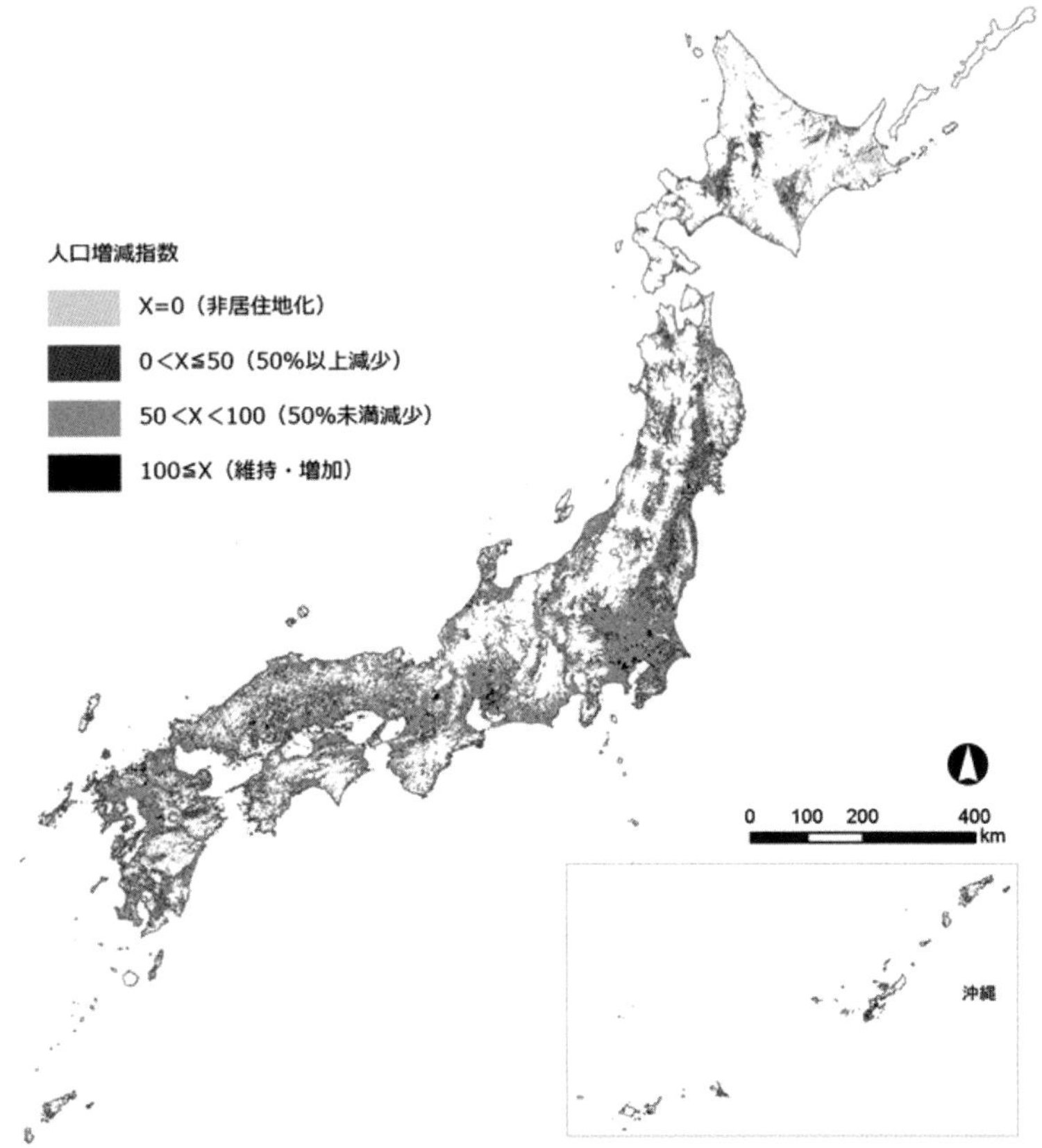

図３　将来の人口増減指数（2010 年人口数を 100 とした場合の 2050 年人口数の指数）
（国土数値情報ダウンロードサービスの将来推計人口メッシュを元に作成。図中の白色部分は 2010 年時点での非居住地）

が減りますから、成長時代に作られた都市基盤のすべてを維持することが難しくなってくる。そのために、国としては人口を集約し、都市をコンパクトにすることで、維持すべき都市基盤の総量を減らしていこうとしています。いわゆる、コンパクトシティ政策です。

しかしこれには問題があります。人が都市の辺縁から中心に徐々に移動できれば都市のコンパクト化は実現しやすいのですが、実態は全くそうではありません。「穴の空いた都市」とか、あるいは「都市のスポンジ化」といったりしますが、都市の辺縁か中心かに限らず、ランダムに空き地や空き家が穴あき状に発生していきます。

少なくとも1世代、あるいは2世代分ぐらい、つまり50年先ぐらいまでは、こういった状態が続いていくでしょう。その間、われわれはどうすべきなのか。

獣害との関連でいうと、こういう空き地や空き家が、都市の近郊部で獣害が発生しやすい場所になっています。

われわれの都市計画の分野は、未来を明るく描くのが仕事です（笑）。ですから、問題を嘆いているばかりではなく、人がいなくなっていった場所をどういうふうに有効活用していったらいいのか、ということを考えています。そのひとつが、普通の都市住民が行う農的活動です。今まで全く土に触れたことがない都市住民が、ライフスタイルのひとつとして、菜園を作って野菜を育てると言うことが世界的にもブームになっていて、どんどんその数が増えています。

香坂　これまで通りのインフラの維持が難しくなることや、都市において農的活動の機会が増えるといったリスクやチャンス、またはその両方が、人口減少期には表れてくるのかなと感じています。

ただ、それぞれに地域で得た知見や経験を、地域を越えて橋渡しするには難しいところもあります。都市部でコンパクトシティというときの議論と、中山間地域など条件が少し違うエリアでの、生活基盤施設等の機能を集約する小さな拠点というような話はスケールや制度的方法論等に異なる点がみられます。

青森、富山などがよく先進事例として紹介されます。成功事例を見せられることも多いですが、実態としてはシュリンクの多様な仕方を見せられているといってもいい。

飯田 ケースバイケースだと思います。青森の場合も富山の場合も、地形によって都市の広がりが制限されていて、もともと都市がコンパクトだったという状況があります。都市ごとにどういうふうにコンパクトにしていったらいいのか、あるいはそもそもコンパクトにしないという選択肢も、もちろんあっていいと思っています。

佐藤 都市という場は、消費をするところです。食糧を作るためではなく、それ以外のものの生産のために人が集まってきている場所です。戦後の日本もそうです。高度経済成長で、地方から人がどんどん集まった。人口密度が高くなるので、どうしてもキッチンが狭くなり、必然的に自炊があまりできないようになる。それからこれは日本も外国もそうですが、大きな都市では、行政側は火事が怖いので人々にあまり調理をさせたくない。そういうことがあって、江戸の長屋では、ほとんど調理ができなかった。

結局、大都市というところは、消費はするが、食べるものについては全く生産をしない、そういうことがどんどん進んでいっています。

都会は消費、地方は生産、この構造を崩していかないと、問題は究極的には解決しないように思います。

香坂 私も、佐藤先生に近い問題意識を持っています。一方で、中部の政令市の方と一緒に仕事をしてますが「都市悪役説みたいなのをやめてくれ」ともいわれています。都市は確かに資源を集約的に使う場ですが、一方でチャンスの場でもあり、雇用も生み出しています。都市を問題視するのではなく、解決の一部にしていこうというのが、よくいわれる反論です。

飯田　都市が消費をする場だというのは、確かにそうだと思いますが、別の見方もできるのではないでしょうか。今私たちの研究室で、都市農業の国際比較を行っています。日本の特異性のひとつは、都市の中にも消費者に近いという特性を活かしてバリバリ農業をやっている農家さんがいらっしゃることです。

ロンドン、デトロイトなどを訪問する機会があったのですが、都市農業をやっている人と話すと、今まで全く農業とは縁のなかった方が多い。東京にもそういった傾向はあります。とはいえ23区内にもまだ農家が生業としての農業をやっていて、1000万円以上売り上げるような方々もいるというのは、世界の都市と比べると本当に特異なことだと思います。

これは今に始まったことではありません。江戸時代から農家をやってきて、大地を守るという意志で続けていらっしゃる方々もあります。江戸には参勤交代で出てきた方々が住んでいました。江戸時代の地図を見ると、長屋の隣に空き地があって、そこが菜園として使われていたりします。田舎から出てきた侍は漬け物ぐらいは自分たちで作っていたようだという話も聞きます。東京に代表される大都市が農業生産とかかわりがなく、ただの消費地であったというわけではないと考えています。

佐藤　そういう事例はたくさんあると思います。

飯田　都市でも農業をやっているというのは大きな特徴なので、それは世界に向けてアピールできるポイントなのではないかと思います。

佐藤　東京の場合は、外国の小都市と違って、都市と都市のつなぎ目がありません。住宅地がずっと広がっていて、その中にスポットのように農地がある。そういうところが残っています。そういう特異性があるということがわかります。ヨーロッパの都市は都市の区分が明確で、都市と都市の間には、緑が残っていたりします。

飯田　城壁を作って、そこからが都市の領域だという考え方ですね。現在でもゾーニングという形で土地利用を明確に区切っている。もともとの日本にはない感覚ですね。

佐藤　東京23区でも、山手線の内側などは、広大な無生産地域が広がっています。先ほどのお話の、人口が増加する地域はきっとそういうところなんですね。

空間をどのメッシュで分析するか

香坂　都市や自治体は、よくひとくくりに議論されますが、切り方というか区分けによって、いろいろな見方ができる可能性が示唆されています。

内山　都市単独というよりも、複数の都市を俯瞰的に見る、国土計画的な観点でお話しします。これまで空間的なスケールが大きくなればなるほど、空間の話と、ローカルな生産活動にかかわる社会経済的な要素は分けて議論される傾向がありました。縮小期にさしかかり、よりミクロな状況で見なければいけない、俯瞰的な指標のみでは評価できない状況が現れてきていると感じています。

たとえば地域をメッシュ単位に区切って見ると、人口がすごく増えている場所と、すごく減っている場所がすぐ近くにあるような状況が起きています。つまり、国土というすごく広いスケールを対象としつつ、よりミクロな地域の情報を吸い上げて評価していく必要があります。国土計画の審議会でも、コンパクトシティに関連する制度の議論で、具体的にどのような形でコンパクト化がなされるか、それを市街地や農地、自然地の詳細な分布データや人々の日常的な活動をとらえるビッグデータ等の指標を基に評価しようという動きも出始めています。

香坂　メッシュとは、地域を細かく分割した四角形の領域のことです。スケールは都市計画の中でもいろいろな大きさが可能です。何キロ単位なのか何メートル単位なのか、粗い目で見るのか細かい目で見るのか、地域と都市部の境《さかい》をどう見るかということが課題になっています。

内山　政策的には細かく見るニーズがあり、技術的にもすごく細かいメッシュで地域の状況を把握できるようになってきています。

先ほどの議論と関連して、縮小期においてそういった技術を使える対象として、資源をどう評価していくかということがあると思います。たとえば、農地は、人口が増えている状況では、宅地化されるだけのような、単一の価値観で評価されていました。しかし、今ではその土地や周辺の人口構成等の状況を詳細かつ広域に把握することで、いろいろな活動ができる場所として再評価されています。

内山愉太

それから、都市と農村の関係という話がありました。これまでは農村から都市に人が移っていき、そこでなんらかの富を発生させて、それを農村に環流するという関係があったかと思います。それがなかなか難しい状況になった。ではあらためて、どういう関係を構築していったらいいのか。そういった議論でも、土地や社会の動態を詳細な解像度で把握することは有効だと思います。

香坂　都市計画を作る側からすると、メッシュは細かければ細かいほどいい。そのほうが確かに検証はしやすくなると思います。都市がシュリンクするとき、住民や社会への発信の仕方とか、そういう課題はあるのでしょうか。たとえば地域と都市部の関係性をさまざまな解像度で可視化できるような技術があれば、その関係性の改善のための政策の効果を検証しやすくなるということ自体は、政策サイドでは喜ばしい面もあるとは思いますが……。

内山　地域の状況をかなり細かいメッシュで把握する技術はできていますから、どういう範囲で情報を取り共有するのかということは重要です。

新しい技術ではありませんが、たとえば小学校区単位で将来の人口を予測することは、意義自体も理解されやすく、結果を建設的に使うこともできます。問題によって、それを考える単位を慎重に選択していかなければならないと思います。

香坂　島根県中山間地域研究センターの藤山浩先生と能登を回っていたときに、今の人口を維持しようとすると、市町の各地区に年間何組のカップルを呼ばなければいけないのかという話になりました。具体的な年間移住者を2組、3組、あるいは1・5組などと、目安の数字が出てきました。[1]

佐藤　何年間に何組のカップルが来てくれれば間に合う、というようなことを藤山さんはよくいいますね。

しかし、都市の住民が実体験としてライフスタイルを変化させるようなことまで考えないと、「何組が行けばいい」という議論をいくらしてもしかたがないのではないでしょうか。

神代　この問題を考える際には、長期的な話と短期的な話の双方を考える必要があります。そもそも都市と農村の規模は違うので、都市部にとっては微々たるものであっても、農村部にとっては1組、2組のカップルがすごく大きな意味を持ちます。農村に対し短期的に大きな影響を与えるわけです。

また1組、2組入ってきた人は、当然、都市とのつながりを完全に断つわけではないので、口コミを通して、都市部にそういう情報が徐々に、ゆっくりと広がっていく。

長期的な話を考えれば、この問題の解決には国民の価値観が変わることが重要です。しかし、価値観というのは、口コミなり体験なりを通して、少しずつしか変えられないのではないでしょうか。例えば、よく実施され強調される食育や農業体験が影響する範囲は、農業全般に関してだったり、食全般に関してであって、個別の農業、農村現場までには落ちてきにくい面があります。重要なのは身近な現場に対し、実感や共感を持つ人を着実に増やしていくことだと思います。

徳山　今、地方創生という文脈において、地方はいかに人を移住させるか、いかに移住者を獲得するかという方向に動いていると思います。

一昨年、ポートランドに視察に行きました。ポートランドはアメリカ北西部にある都市で、若者の移住が多く、注目されています。移住してきた人たちは大都市での仕事、アメリカンドリームのような大企業での仕事を捨て、自然と都市が共存するポートランドを選ぶ。大都市のような刺激はないが、その代わり人間の絆はある。若い人たちは、革製品を作ったり、石けんを作ったり、自分のやりたかった分野で起業している。ファーマーズマーケットに出店している人も多く、若い人たちが農業や食に従事しています。リーマンショック以降、アメリカ人の価値観がガラッと変わって、そのような環境に惹きつけられています。

神代英昭

丹波市（兵庫県）に先日調査に行きました。丹波市については第五章で書きましたが、丹波市でも昨年だけで10組の移住があったそうです。新規就農に関する自治体の政策はまだこれからなのに、何もしないうちにもう10組も来た。なぜかというと、丹波市は関西で最も長い有機農業の歴史があるので、ブランド力といいますか、知る人ぞ知る町なのです。

このように自分たちの強みを知って、それに沿って地域に移住者が来てくれるような政策を行うことは、地方の自治体にとって重要なことなのではないでしょうか。

神代　今は移住だけが評価されているわけではありません。そこに住まなくても、都市から農村に行って関わりを持とうとする人は、地元からすごく歓迎されます。それまで地域になかった考えを持ってきてくれるからです。

その地域に昔からあるけれども、地域の人は気づきにくい、いわば「あたりまえ」の魅力に関して、「これはすごいですね」と再評価してもらえることがうれしいし、あるいはとにかく来てくれるだけでもうれしい。行く人も、ひとつの地域に骨をうずめる覚悟まではない。しかし、その地域にいる限りは、いろいろなアイデアなり行動なりで精一杯恩返ししている。農村と多様なレベルやジャンルで関わりをもつ「関係人口」が、数としても増えているし、より重要性を増していると思います。

◉地域に生きる戦略

価値観の変化のために

香坂　後半のテーマに入っていきたいと思います。ここからは対応やイノベーションといった希望が持てる話を中心に展開していきたいと思います。

生産自体は縮小していきますが、違う形で人がそこに行くことで、また違う価値を見出したり、生産現場が違う機能を提供したりということも、将来的にはありうるのかなと思います。

最近は生物多様性の分野での政府間科学－政策プラットフォーム（ＩＰＢＥＳ）でも価値を含む根源的な変化が強調されています。

たとえば「美しい村連合」の話を徳山先生、お願いします。

徳山　「美しい村連合」は、もともとフランスで始まった動きです。国内に点在する３０００人以下の農村をどう守っていくかというときに、簡潔にいいますと、観光で稼いで、景観や伝統文化を守っていこうという運動です。

地域で育てた農産物を都会で食べてもらうのではなく、観光客として現地に来てもらい、そこで消費もしてもらおう、という運動です。日本でも北海道にある美瑛町が旗振り役となり、日本全国に少しずつ広がっています。生産だけでなく、そこにどう付加価値をつけていくかという視点が大切になってきます。産品ブランドに加えて、農村そのものをブランド化していこうという動きが生じつつあるように思います。

私が面白いなと思ったのは、丹波市です。「丹波」というのは一大ブランドです。丹波栗や黒豆、小豆などは高値で取引されています。

徳山美津恵

佐藤　イノシシも。

徳山　そうです。篠山市が丹波という名を丹波市にとられたということで、住民投票で「丹波篠山市」に市名を変更することが決まりましたが、こうしたさまざまな事情があって、「丹波」という地域団体商標登録は一度失敗しています。「丹波」では認められなかった。

このように、ブランドというのはすごく難しい。しかし消費者から見えているのは、やはり「丹波」ですので、自治体同士が反発し合ってもしかたがない。あるところで手を握って、ブランド価値をもっと高めていかないといけない。

香坂　きれいごとだけではなく、合意形成という名の下に、どろどろした利害関係も出てくるのは、現実だと思います。

飯田　フランスの例ですと、産品に加え、それが生産されている景観が、セットでブランド化されています。日本では産品だけでブランド化されてきているという印象があります。たとえばふるさと納税の返礼品を見ても、おいしそうな肉、おいしそうな明太子などがたくさん挙がっています。しかしそれに合わせて、産品が生産されている風景が挙がっているかといえば、そうでもない。したがって、「お取り寄せ」をしておしまい、ということになってしまう。その土地にぜひ行ってみたいと思わせるような景観や空間を一緒に作っていく、という努力が非常に重要なのだろうと感じています。

これは農村部の話で、ひるがえって都市の話でいうと、都市人口がこれだけ多くなっていて、農村を支えるにも、都市住民の価値観を変えなければどうしようもない。価値観の変化は確実に起こっていると、私の世代は感じています。

前に述べたように、同世代の友人たちにも、都市に住んでいて区などが運営している菜園に通うというようなライフスタイルを選択する人が増えてきています。

その土地の特徴を知ることの大切さ

香坂　岸岡さんは京都から石川県の珠洲《すず》市に職場が変わったばかりですが、何か珠洲で考えたことがあるでしょうか。

岸岡　私は大阪生まれで、そのあとずっと京都にいて、昨年能登に行って、初めて田舎で暮らしています。これまで都市から田舎に移り住む人の考え方をあまりわかっていませんでした。実際に自分が田舎に行ってみて、田舎に住むとこんなに精神的に豊かになるのかと、本当にびっくりしています。

食の面では、地元の食材をすごく意識するようになりました。今までは何も考えてなくて、スーパーに行って、ただ安い魚を特に気にせずに買っていました。今、住んでいるところは、港の近くなので魚もものすごい種類がありますが、「珠洲産」と書いてある魚をあえて選ぶようになりました。

もらいものもすごく増えました。いろいろなものをもらえます。妻が漁協に職場があったので、売り物にならない小さなマグロをもらってきて、それを料理して食べたりしています。それから、ため池にあるジュンサイ。今までは食べたことがありませんでしたが、それももらってきて、お吸い物にして食べたり、食に関して世界が広がったと思います。住んでいる土地は人口がだいぶ減り、1万5000人を割って、どうしようかというところです。ほかの地域で作られた食べ物をわざわざ買うというのは、自分たちの地域で回っているお金を、外に出すようなことなのかと思い、地元のものを食べることの重要性を考えるようになりました。

内山　一時滞在か定住かで、交流のあり方はさまざまだと思います。小さな村での自給的な生活というのは、漠然としたイメージはあっても、実際に体験しないと理解できない部分も多いのではないでしょうか。

香坂　里山というと、水田があって、民家があって、雑木林があって、というモザイク状の土地利用の仕方が、ひとつの特徴として挙げられます。生態学の知識を使って、都市と地域というまとめ方ではなくて、3類型ぐらいに区分するような実験的な試みも、内山さんを中心に行われていますね。

内山　はい。生態学の知見を基に、都市計画や地域の計画に関わる方々にとっても使いやすい資料として、「森林、農地等がどれくらい多様に混在しているのか」を、地理情報システム（GIS：Geographical Information System）を使って評価しました。その混在量の指標と、土地利用の割合を使い、自治体を類型化するということをやってみたのです。

日本の市を対象にやってみたところですが、3つの類型が把握されました。ひとつは、混在度がすごく高く、森林割合が高いという類型。二つめは、農地の割合が比較的高く、混在度も高いというもの。最後のひとつが、市街地の割合がかなり高く、混在度がやや低いというものです。

佐藤　具体的に街の名前を挙げてもらうとピンとくるのですが。

内山　たとえば金沢や仙台は、森林割合が高く混在度も高い自治体です。

市街地割合がすごく高く、混在度が低いのは大阪や川崎等です。神戸は比較的、農地の割合も森林の割合も高く、混在度も高い。

ある意味ですごく基礎的な情報です。これまではこういったものを抜きにして、人口規模だけ、あるいは歳入等の経済的な指標だけで都市を比較してきたところがありますが、こういった環境の指標もかなり入手しやすくなってきています。そういった指標をベースとして考慮していくことが、知見や経験を共有する単位としても重要ではないかと思います。

佐藤　自炊しやすい都市とか、そういうインデックスはないのでしょうか。自給自足ではなく、自分で調理して自分で食べるという意味の「自炊」です。

ぼくはこれがすごく重要だと思っています。外食率の裏返しのような話です。さきほど岸岡さんがおっしゃいましたが、地方へ行ってみてはじめて発見することがあるじゃないですか。都会で生まれてずっと都会で暮らしてしまうと、わからなくなってしまうこと。自分で材料を買ってきて、ある程度手を加えて、料理して、自分で食べる。当たり前のことなのですが、その当たり前のことがどんどんできなくなっている。それがしやすい街は何かがあるような気がするのです。

徳山　先ほどの丹波市の例ですが、丹波市は有機農業が盛んです。ずっと続けてこられた理由のひとつは、車で一時間ほどの距離にある神戸の市民がかなり支えたということです。神戸市民との関係があったからこそ、丹波市に来てもらったり、神戸市に野菜を売りに行くことで、有機農法を続けていくことができた。

香坂　都市と農村の土地利用のモザイク度、関係性、生活の質等を見たうえで、何が自分たちの地域の特徴かを考える。個々の地域を診断したうえで、それぞれの戦略をもう少し丁寧に出すというのが、今後の模索のひとつの方法かと思います。

縮小に対処する手法として、ストーリーやブランディングといったものも、産品のレベルから、地域や生活そのものの次元へと広がりつつあります。同時に、生命科学や農学は急速に情報やデータ科学、ＧＩＳなどを取り入れつつ、それらの学術的成果を基に「国土のモニタリング２・０」においてデータに基づく国土計画が推進されているように、勘やスローガンから、検証などが可能な形に進展しつつあります。

参考文献

［１］藤山浩（２０１５）『田園回帰１％戦略――地元に人と仕事を取り戻す』農文協

第一章　縮小する都市から考える「農」ある豊かな暮らし

飯田晶子

はじめに

２０１７年の春、イタリアで開催される国際会議へ出席するため、私は成田からローマ行きのアリタリア航空の飛行機に乗った。席についてすぐに前のシートの背に「都市農業」を意味するUrban farmingと大きく書かれた機内誌が目に留まった。中をめくってみるとミラノ、ニューヨーク、コペンハーゲン、ロッテルダムなど、世界の都市における新しい「農」の取組みが魅力的な写真とともに紹介されていた。その前年と前々年には、この章でも後に触れるイギリスとアメリカの都市に赴き「農」に関する事例調査を行なっていたので、世界の都市で「農」が一つのムーブメントになっていることは実感していたが、それは一部の関心のある層の人々にとっての話であり、広く社会に浸透している事象とまでは思っていなかった。しかし、様々な年代の様々な職業の人が目にする国際線の機内誌の特集記事として取り上げられるほどに、世界の都市でも確実に「農」がキーワードとなりつつある。都市で生きる人々とっても「農」がなくてはならないものになるのだと、その機内誌を手にしながら思いを巡らせた。

当然、世界と日本では都市の成り立ちや社会的な背景が大きく異なり、一口に都市の「農」といっても実に多様な様相を呈している。しかし、共通して見えてくるのは、成長・拡大の時代から成熟・縮小へと都市のあり様が変化していく中で、「農」のもつ根源的な価値が改めて見直され、若い世代の間でもその価値観が広まりつつあるという事実である。「農」は、食料供給はじめとした多面的機能を有しており、人々の暮らしに潤いと恵みをもたらしてくれる存在である。しかしそれだけでなく、生産と消費が遠く切り離された現在のフードシステムに対する代替的な方法として、さらには人口減少や貧困など様々な課題を抱える地域が再生をはかっていくための手段として、今世界中の都市において「農」に注目が集まっている。だからこそ、代々受け継いできた農地で農業を営む都市農家や、リタイア後に市民農園や体験農園などで余暇的に「農」と触れ合う者だけでなく、若い世代の間でも「農」に関心をもつ者が増えているのだろう。

本章では、まず縮小する日本の都市の実像を踏まえた上で、政府が進めるコンパクトシティ政策とそれと関連した都市農業に関わる昨今の抜本的な法改正の動きを概観する。そして、日本、及び世界の諸都市の先進的な「農」の取組みを紹介しながら、縮小するこれからの日本の都市における「農」の可能性について展望を述べてみたい。なお、本章では「農業」と「農」という用語を区別する。「農業」は、農家などによる生産性を重視した生業としての活動を、「農」は、「都市住民による利潤を目的としない作物栽培」[18]を意味することとする。

1　縮小する都市

拡大から縮小へ

これまで日本の都市は、一貫して「拡大の時代」であった。農村や地方から人口が流入し、都市近郊に広がっていた農地や森林を飲み込みながら拡大を続けた。しかし、「拡大の時代」は終焉を迎え、日本は「縮小の時代」に入った。2015年度には、1920年の国勢調査開始から初めて人口が減少に転じた。さらに、国立社会保障・人口問題研究所による将来推計では、2015年に1億2710万人であった総人口は、2050年までに1億192万人となり、50年後の2065年には8807万人にまで減少すると予測されている[6]。

図1は2010年の人口を100とした場合の2050年の総人口数の指数の全国的な分布を示した図である。この地図は、1キロメートルのメッシュで区切られたエリアごとに値を4つに分類して色分けして示している。最も薄いグレーの地域は、2010年時点では人が住んでいるが、2050年までに100%減少する地域、すなわち非居住地化する地域で、実に全体の19%にのぼる。次に薄い色のグレーの地域は、現在の人口の50%以上が減少する地域で全体の42%を

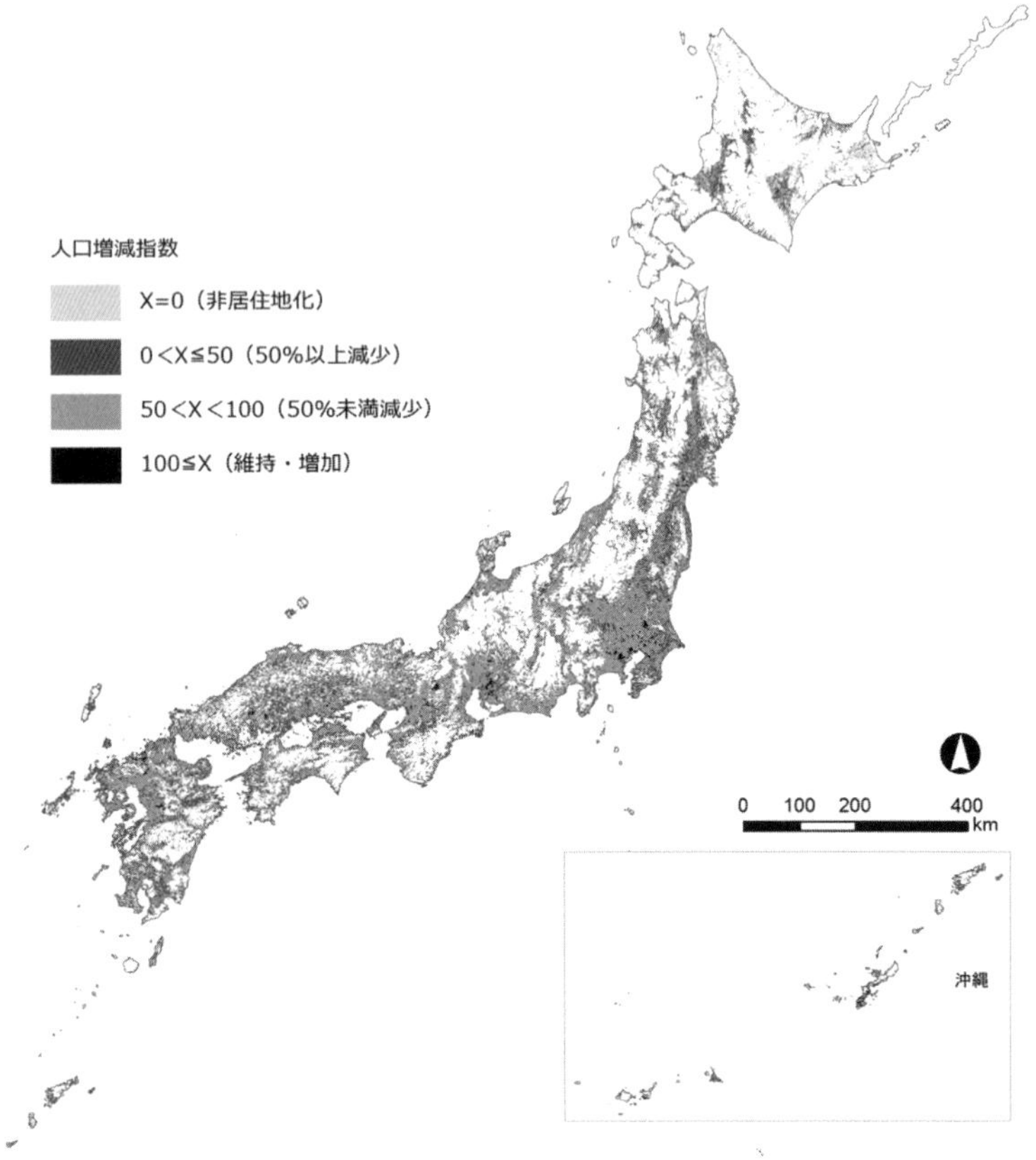

図１　将来の人口増減指数（2010年人口数を100とした場合の2050年人口数の指数）
（国土数値情報ダウンロードサービスの将来推計人口メッシュを元に作成。図中の白色部分は2010年時点での非居住地）

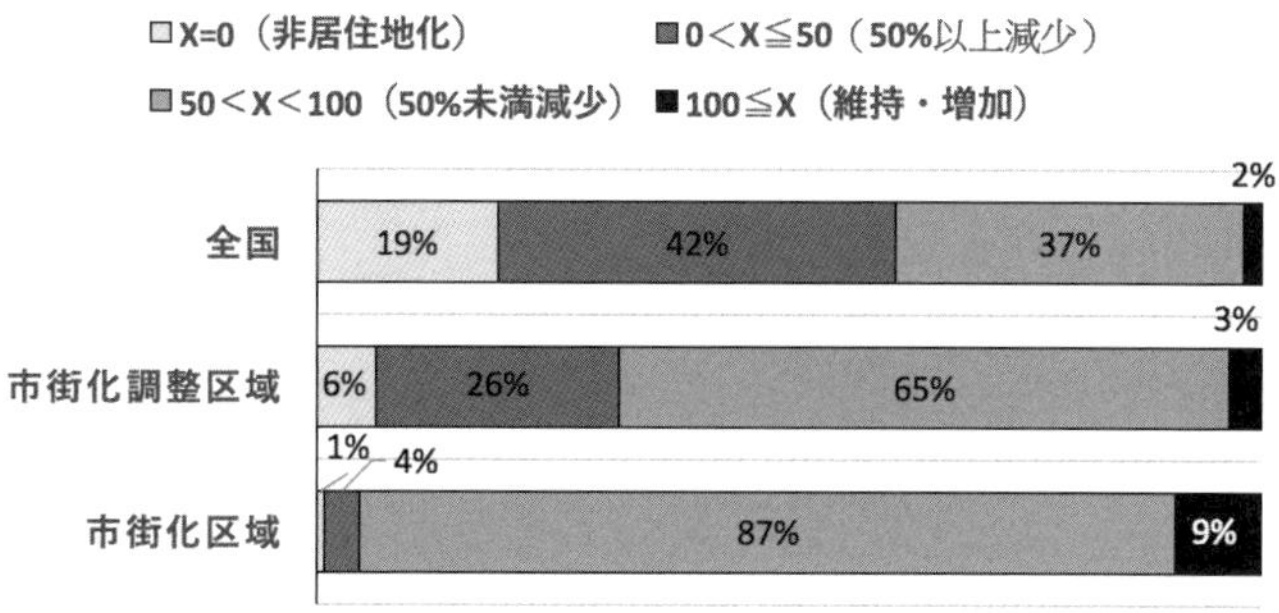

図２　将来の人口増減指数（2010年人口数を100とした場合の2050年人口数の指数）
（国土数値情報ダウンロードサービスの平成将来推計人口メッシュと都市地域を元に作成）

占め、その次に濃いグレーの地域は、人口が50％未満減少する地域で全体の37％を占める。そして、黒色の地域は、人口が維持もしくは増加する地域で、全体の2％にあたる。すなわち、非居住地化する地域が2割弱存在し、少なからず人口が減る地域が8割弱に上る中にあって、人口が維持もしくは増加する地域は国土のごくわずか2％に過ぎない、というのがこれからの日本の将来像である。

また、図2は、先述の指数に関して、土地利用基本計画によって定められている都市地域のうち、市街化区域と市街化調整区域の人口増減指数を算出し、その面積割合を示したものである。市街化区域とは、既存の市街地と今後計画的に市街化を図るべき区域を合わせた地域で、既存の人口集中地区[1]の大半が含まれる。一方の市街化調整区域は市街化を抑制すべき区域を指し、市街化区域の外側に広がっている。これらの区域区分は、都市において無秩序な市街化を防止し、計画的な市街化をはかるため、1968年の新都市計画法によって導入された。図2より読み取れるように、これら2つの区域は、全国的な傾向と比べると人口減少は緩やかである。しかし、市街化調整区域においては、人口が維持もしくは増加する地域は3%に過ぎず、50%未満減少する地域が65%で、半数以上減少する地域が26%、非居住地化する地域が6%存在する。また、市街化区域においても、人口が維持もしくは増加する地域は9%に過ぎず、50%未満減少する地域が87%で、半数以上減少する地域が4%、非居住地化する地域が1%となっている。すなわち、都市地域においても人口減少は避けられず、中には大幅な人口減少が見込まれる地域が存在する。私たちは、今後そのような長期的かつ広範囲にわたる人口減少を前提に、これからの社会のあり様を考えていかなければならない。

縮小の時代の都市政策

人口減少は、国や地方自治体の税収減をもたらし、財政を逼迫させる。そのような中、政府は「コンパクトシティ・プラス・ネットワーク」を重点的施策として押し進めている。具体的な施策として、2014年に都市再生特別措置法の一部が改正され、新たに立地適正化計画制度が創設された。この制度は、既存の市街化区域よりも内側に、都市機能や居住地を誘導する区域（都市機能誘導区域と居住誘導区域）を設定することで、それらの区域内へ生活利便施設や住宅を集約させることを意図している。今後大幅な人口減少が見込まれる都市では、拡大の時代に設定された市街化区域の全域を維持することは難しく、人口減少に合わせて都市をコンパクトに再編し、行政サービスの効率化をはかろうというのが立地適正化計画制度の狙いである。また、２０１４年11月には地域公共交通活性化再生法が改正され、都市の集約化の際に公共交通ネットワークを再編することで、高齢化が進む中にあって車の運転ができない交通弱者も生活利便施設などへアクセスしやすい都市づくりが目指されている。

縮小する都市の実像

しかし、都市のコンパクト化は、容易には進まず、長い時間がかかることが予想される。人口減少により生じる典型的な都市空間の変化として、空き家や空き地や耕作放棄地などの低未利用地(2)の増加があげられる。都市のコンパクト化を進める上では、それらの低未利用地が都市の外縁部から発生し、順々に都市を小さくたたんでいくことが理想である。しかし、低未利用地が発生する場所や時期を自治体が計画的にコントロールすることは難しい。実際に、かつて研究室の学生が地方中核都市を対象に行なった空き地の発生実態に関する研究では、空き地が発生し易い地域は都市の外縁部とは限らず、都市の中心部であっても都市基盤が未整備な古い住宅地においては空き地が増加傾向にあり、自治体が進めるコンパクトシティ政策と整合がとれていないことが示されている[12]。つまり、都市の外縁か中心かを問わず、低未利用地が都市空間のあちこちで集積しつつある姿が、現在の縮小する都市の実像である。

似たような現象は、政治体制や産業構造の転換によって大幅な人口減少を経験した欧米の都市でも確認されている。ベルリンの壁崩壊後の旧東ドイツの都市、ライプツィヒを事例として研究を行なったエンゲルベルト・リュトケ・ダルドルップ氏は、都市の中でランダムに低未利用地が発生し、都市が空洞化するこの現象を「穴のあいた都市」(Perforierte Stadt) と呼んだ。[9] また、日本においても饗庭伸氏が著書『都市をたたむ』の中で同様の現象を「都市のスポンジ化」と表現している。[1]

2　都市農地の位置づけの変化

政府により都市のコンパクトシティ政策が進められ、また実態としても都市の低密化や空洞化が進む中、都市農地をとりまく環境が大きく変わろうとしている。ここでは、都市政策及び農業政策の上で、都市農地の位置づけがどのように変わってきたかみていこう。

「宅地化すべきもの」として見なされた都市農地

現在の都市農地のルーツは、都市の成長とともに都市との相互関係の中で発達した都市近郊農業に遡る。[17] 江戸時代には、政治体制が安定し、大量の人口が都市に流入した。幕府が置かれた江戸では、家臣や諸大名が移り住むのに合わせて都市近郊の土地が開墾され、都市近郊の農家は新鮮な食料を江戸に供給する役割を担ってきた。現在でも東京で農業を続ける農家の多くは、江戸時代より代々農地を受け継いできた者であり、３００、４００年続く農家も少なくない。

しかし、拡大の時代において、農地は都市に不要なものとみなされた。特に戦後の高度経済成長期以降、住宅・宅地重要の高まりを受け、都市の農地は減少の一途を辿った。都市政策上、特に市街化区域内の農地は低利用な状態にあり、速やかに「宅地化すべきもの」と考えられていた。また、農業政策上においても市街化区域内の農地は重視されていなかった。全国的には、戦後の深刻な食糧難を背景に食料増産のための政策が押し進められる中、１９６１年に制定された農業基本法においても、１９６９年の農業振興地域の整備に関する法律においても、市街化区域内の農地は振興の対象外とされた。この時代は、たとえ農家が都市で農業を続けたいと考えていたとしても、世論の風当たりが厳しく、農地を手放さない農家は批判ややっかみの対象になった。[3]

しかし、そのような困難な状況の中でも代々受け継いできた土地で営農を続けたい農家は多く存在し、農家や農業団体からの強い要望や反動運動により、１９７０年代の中頃から１９８０年の初頭にかけて、市街化区域内の農地に対して相続税の納税猶予や固定資産税などの宅地並み課税の免除を行なう制度が設けられた。[4] さらに、１９９１年の生産緑地法の改正によって、三大都市圏特定市の市街化区域内の農地を「保全する農地」（＝生産緑地）と、「宅地化する農地」（＝宅地化農地）とにわける現在の仕組みがつくられた。生産緑地においては、30年間の営農義務が課せられるが、固定資産税や都市計画税の宅地並課税が免除され、大幅に税金が安くなる。さらに、

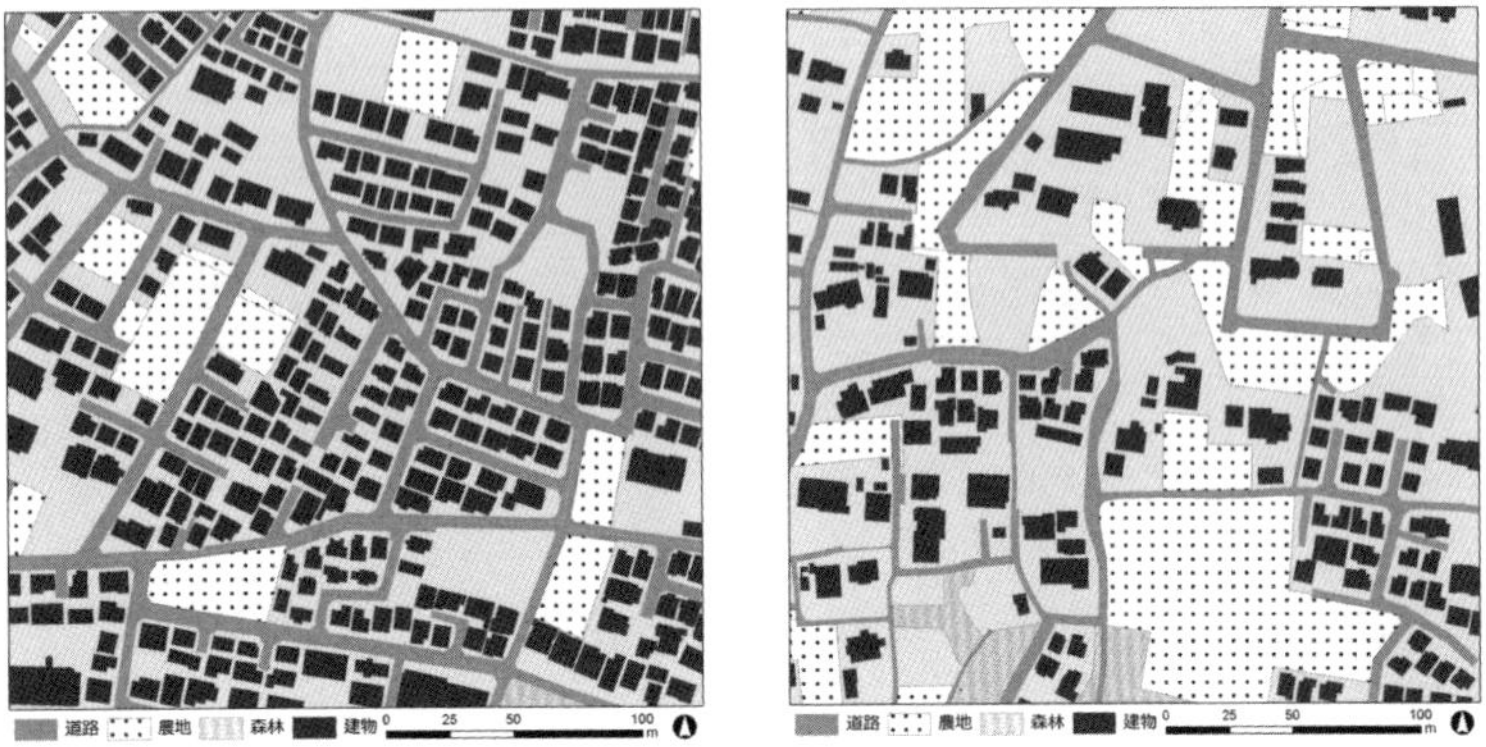

図３　東京大都市圏郊外の典型的な農住混在地域
（2011年と2012年の東京都都市計画基礎調査を元に作成。左は都心から20キロ圏，右は50キロ圏の住宅地。白地に黒の点々が農地を表す）

生産緑地の指定後に自ら耕作を続けた場合、相続時に相続税の納税猶予措置が講じられるため、地価の高い市街化区域においても営農を続やすい状況が確保される。それに対して宅地化農地は、営農義務はなく、いつでも農地を宅地に転換できるが、宅地並み課税が課せられ、相続税の納税猶予も適用されない。法改正当時、農家は所有する農地を生産緑地指定するか否かの難しい選択がせまられた。国土交通省の都市計画年報によると、生産緑地法改正後の1992年に生産緑地指定された農地は市街化区域内の農地の3割強にあたる15109ヘクタールで、残りの7割弱は宅地化農地となった。2015年3月までに、1992年に指定された生産緑地の約9割にあたる13442ヘクタールが維持されている。

　図3は、東京大都市圏の郊外における典型的な農地と宅地が混在する地域の地図である。左は都心から20キロ圏、右は40キロ圏の住宅地である。都心か

らの距離に応じて混在度合いは異なるが、ともに農地が宅地の中に島状に点在している。もともと江戸時代に農村集落が形成され、特に高度経済成長期以降に宅地化の波に飲み込まれていったが、現在まで一定程度の農地が宅地とモザイク状に混ざり合いながら残されてきた。このような土地利用の混在は、モンスーン・アジア地域の大都市郊外部の一つの特徴である。[11] 農業基盤の上に都市基盤のレイヤーが重なりながら都市化が進行し、さらに農業政策と都市政策のせめぎ合いの中で農地と宅地が混在する都市景観が生み出されてきた。これは、都市と農村の土地利用を峻別し、機能純化をはかってきた西欧の都市ではほとんどみられない特徴である。[19]

農地が都市に「あるべきもの」に

そして、縮小の時代に入った現在、都市農業をとりまく環境は大きく変わりつつある。2015年には都市農業振興基本法が成立し、その翌年には同法に基づき都市農業振興基本計画が策定された。この計画では、都市政策と農業政策の双方から都市農地を再評価するとともに、これまで「宅地化すべきもの」とされてきた都市農地を、都市に「あるべきもの」と捉え直すことが明確に示されている。拡大の時代には、宅地と農地は相互に競合しあうものと捉えられ、都市農業は振興の対象外とされてきた。しかし、これからは都市農業の振興をはかり、その多面的機能を発揮させながら、宅地と農地が共生する市街地を積極的につくっていこうという目標が示されたのだ。

さらに、都市農業振興基本法を踏まえ、都市政策の面でも抜本的な法改正が行われつつある。その一つとして、2017年には都市緑地法等の一部が改正され、生産緑地の保全施策が拡充されたことがあげられる。具体的には、生産緑地の指定に際する面積要件の緩和（下限が500m²から300m²に）、生産緑地内に設置可能な農業関連施設の拡充（直売所や農家レストランが設置可能に）、及び特定生産緑地指定制度の新設がはかられた。生産緑地の面積要件の緩和と設置可能な農業関連施設の拡充は、いずれも農家が都市内での農業を行いやすくするためのものである。これまで生産緑地に指定できなかった小さな農地も指定可能となり、さらに敷地内に直売所や農家レストランを建て、その場で採れた新鮮な野菜や果物を近隣住民に提供することができるようになる。(3)

特定生産緑地指定制度は、1991年の改正生産緑地法と関連で捉える必要がある。生産緑地を所有する農家は30年間の営農義務を課せられていたが、指定後30年目には自治体への買取り申出の手続きを経て、生産緑地の指定解除が可能となる。現在の生産緑地のほとんどは改正生産緑地法の施行後すぐに指定されているため、2022年にまとまった量の生産緑地が一斉に解除される可能性があり、メディアでも2022年問題として度々取り上げられている。既存市街地では人口減少により空き家や空き地が増加している一方で、生産緑地の解除を新たな住宅開発の好機と捉える不動産会社は少なくない。もし生産緑地が解除された土地で一斉に開発がおきると、宅地の供給過剰をまねく恐れがある。特定生産緑地指定制度は、農家が現在の生産緑地を特定生産緑地に指定することで、自治体への買取申出の期間を10年ごとに延長することが可能となった。

しかし、実際にどの程度の農家が自身の生産緑地を特定生産緑地に移行させるかについては、各自治体などが農家へのアンケート調査を行い把握に努めているが、まだ不確実な部分が大きい。

また、以上の法改正に加えて、２０１８年9月には、生産緑地において貸借を促進する法律（都市農地の貸借の円滑化に関する法律）が施行され、合わせて２０１８年度の税制改正により生産緑地を貸し付けた場合でも相続税の納税猶予制度が受けられるようになった。それより、農業従事者の高齢化や後継者不足などにより自ら耕作することが困難となっていた生産緑地を、他の農業者や市民団体や企業などに貸付けることで維持していく道が開けた。また、ここ10年の間にマイファームやアグリメディアといったベンチャー企業による耕作放棄地などを使ったサービス付き体験農園ビジネスが生まれている。それらは、従来の自治体やＪＡなど公的機関が設置する市民農園と比べて単位面積あたり10倍〜20倍程度の価格設定であるが、手ぶらで参加できる気軽さやイベント開催など、サービスの質的側面から都市住民に人気となり、年々開設数を増やしている。生産緑地の貸与が可能となると、そのようなベンチャー企業にとってもビジネスチャンスが増えることになり、都市住民がより身近に、かつ手軽に「農」ある暮らしを実践できる場所も増えるだろう。しかし、この新法は、諸刃の剣の性質を持っており、見かけ上は農地として利用するものの、相続発生時などには開発用地として買収することを狙っている不動産会社が、当面土地を押さえておく手段としても利用され兼ねない。「農」が暮らしに根付き、農地が地域住民にとって真に価値ある存在になるためには、そのような投機目的の企業の参入を自治体やＪＡなどの公的機関が上手くコントロールする仕組みが必要となろう。

農地が都市に「なくてはならないもの」に？

2017年の都市緑地法等の一部改正では、生産緑地の保全施策の拡充とともに、新たな用途地域として田園住居地域が創設された。生産緑地が、農家が所有する一筆一筆の農地を保全することが目的なのに対し、田園住居地域は、宅地化農地も含めた都市農地全般を面的に保全し、農地と調和する住宅地の形成をはかることが目的である。そもそも用途地域とは、都市における工業、商業、住居といった用途の無秩序な混在を防ぐために設けられたもので、用途地域の種類ごとに建築可能な建物の用途が細かく定められている。その中で新しく創設された田園住居地域は、これまでの建築物を建てることを前提とした用途地域と異なり、建築物を建てることそのものの規制する内容が含まれるという意味で画期的である。

田園住居地域については、法律が施行されたばかりで未だ適応例はないが、指定が想定される地域像として、例えば、先に示したコンパクトシティ政策の中で都市施設や居住地の集約化がはかられる区域からは外れるような非集約化エリアがあげられる。そのような地域は、一般に公共交通の利便性や生活利便施設へのアクセス性が都市中心部に劣るため、長期的には人口減少ともに徐々に市街地の低密化が進むと考えられる。そのような地域では、「農業」の振興をはかるとともに、都市住民による「農」の活動も活性化させながら、低未利用地が荒廃地化することを防ぎ、良好な住環境を維持していくことが期待されている。

また、前節で触れた都市の空洞化への対策としても、「農」が注目されている。具体的には、今後市街地を集約化させていく都市の中心部においてもランダムに発生する低未利用地が地域の活力の減退につながらないよう、低未利用地を農園や広場として暫定的に利用しながら、徐々に土地利用の転換が進められていくことが期待されている。[16]

そのような状況を鑑みると、都市農業振興基本計画において、「宅地化すべきもの」から「あるべきもの」へと転換された都市農地の位置づけが、今後の縮小する都市をめぐっては、さらに「なくてはならないもの」へと変わりつつあると言えるだろう。

3　「農」を通じた地域再生

次に、実際に都市の縮小や空洞化の問題を抱える中、「農」や「食」を通じたユニークな取組みにより地域の再生を図っている国内の事例を2つ紹介したい。ひとつは東京都市圏の外縁部の八王子市小津町、もうひとつは大阪大都市圏の中心部の大阪市北加賀屋で、ともに筆者も関わりのある事例である。また、都市の縮小や低未利用地の増加は、日本だけでなく世界の他都市でも起こっている。社会背景は日本と大きく異なるが、日本が抱える課題に対して示唆に富む点も多いため、ここでは英国ロンドンのコミュニティガーデンと米国デトロイトの縮小戦略の事例をそれぞれ紹介したい。

八王子市小津町――非集約エリアにおける「農」のまちづくり

東京都心から約40～50kmに位置する八王子市は、約58万人が暮らす東京西部最大の都市である。東京大都市圏の外縁部にあたり、市の西側には高尾山や陣馬山など関東山地の山々が連なる。小津町は山の裾野に立地する小集落で、江戸時代の林業と農業を生業とした農村に起源がある。

小津町は市街化調整区域に位置しており、建築や開発に対する規制により、市街化が抑制されてきた。先に図2で示したように、市街化調整区域は、市街化区域よりも早く人口減少が進展することが予想されている。実際に小津町では、1979年の時点で358人だった人口が、約40年後の2017年には226人と約4割減少している。それとともに高齢化も進んでおり、現在の高齢化率は39％と、八王子市の平均26％や、全国平均28％と比べて高い。さらに、2009年には路線バスが廃線となるなど、都市の縮小の最前線にあり、正にコンパクトシティ政策上の非集約エリアにあたる。

小津町では、2014年の秋ころから小津町会が主体となり、空き家や耕作放棄地や荒廃樹林地などの低未利用地を再生し、地域の拠点づくりを行うまちづくり活動が始まった。具体的には、地元の町会が八王子市や大学とも協働しながら10数回におよぶワークショップを経て地域再生計画を作成し、その案をベースとして具体的なプロジェクトを進めている。図4は、ワークショッ

小津町原地区の全体図

図４　小津町原地区の再生案
全体図には，空き家，耕作放棄地，荒廃樹林地の再生のアイディアが盛り込まれている。図右上の大きな木は，樹齢90年のしだれ桜「原の和武桜」で，隣接する再生された空き家「おもむろ」とあわせて人が集まる拠点となっている。

プを通じて作成された低未利用地の再生提案である。現在までの間に、所有者の高齢化により荒れていた耕作放棄地の半分を開墾し、野菜畑とオリーブ畑として再生した。また、耕作放棄地に隣接した空き家を整備しなおし、活動拠点に生まれ変わらせた。荒廃樹林地に関してもかつて使っていた山道を復活させ、登山客を呼び込めるよう整備を進めている。また、２０１７年４月には、町会のメンバーと地域外の20～60代まで様々な都市住民が共同でＮＰＯ法人「小津倶楽部」を立ち上げた。小津倶楽部は地域内で発生する空き家や耕作放棄地などの低未利用地の情報の集約化を図っており、自ら土地を借り上げ耕作したり、イベントスペースとして活用したりするだけでなく、土地の所有者と外部の利用希望者を繋ぐなど、中間組織としての役割も担い始めている。

このプロジェクトのポイントは、大きく3つある。1つ目は、プロジェクトをスタートするにあたり、地域内外の人が参画しながら地域再生計画を立てたことである。この計画策定プロセスを通じて、発生する様々な低未利用地を資源として捉え、それらを総合的かつ一体的に活用することで、地域の再生へつなげていこうという基本的な考え方が参加者間で共有された。2つ目は、小津倶楽部の地域内のメンバーが、世帯ごとの個別の事情でランダムに発生する低未利用地について把握し、所有者との丁寧な話し合いを経て土地を借り受け、それをまちづくりに効率的に活かすことができる体制を築いていることである。特に小津町のようにやや閉鎖的な農村的コミュニティが残る地域では、宅地や農地を人に貸すことに抵抗感がある人も少なくない。そこで、地縁組織である小津町会のメンバーが丁寧に話をすることで、所有者からの理解と信頼が得ることに繋がっている。3つ目は、プロジェクトを進めるにあたって、地域外のサポーターを広く受けいれていることである。人口減少や高齢化が進む地域においては、どうしても地域の人だけでできることが限られてくる。そこで外部の人のアイディアと力を積極的に借り、ともに楽しみながらプロジェクトを進めることで、新しい活動の原動力が生まれている。

再生した空間では、野菜の収穫体験、ピザ作り体験、薪割り体験など小津倶楽部が様々なイベントを企画している。また、活動から3年を経た2017年の秋には、八王子市内で活動する

図5　空き家・空き地・耕作放棄地を使って開催されたFARMART（小津倶楽部Facebookページより）

ＦＡＲＭＡＲＴという団体によって「食」と「アート」に関するイベントが小津町で開かれた。図5はＦＡＲＭＡＲＴの当日の写真である。有機野菜をつくる団体、フードコーディネイター、地元のクラフトビール製造会社のほか、陶器や家具など八王子市の自然を活かした作品をつくるアーティストが多数出店し、地域外から１０００人以上が集まる盛況ぶりであった。

地域の人も外部の人も、それぞれ少しずつ力を出しあい、低未利用地を再生することで、目に見えて地域の空間が変化し、新しい活動の拠点が生まれていく。それは、単に耕作放棄地の解消、景観悪化の防止といったマイナスをゼロにするような意味合いではなく、マイナスと思われていたものに価値を見出し、プラスに転換させていく創造的な行為であると言える。私は、コンパクトシティ政策における非集約化エリアが、単に市街化が抑制され、衰退する地域とならないために、小津町が実施しているような地域内外の人の手によるまちづくりの視点が重要であると考えている。現在まで受け継がれてきた農的環境資源を発掘し、それを魅力を磨くことによって、低密化する中にあってもより豊かな暮らしが実現可能なことを小津町の事例は示してくれている。

大阪市北加賀屋――住工混在地域に生まれた「みんなのうえん」

次に紹介する大阪市北加賀屋の「みんなのうえん」は大都市圏の中心部に近い住工混在地域に位置する。元々地目上は農地ではなく宅地であり、空き地化して低未利用な状態にあった空間を人々が集まれるコミュニティガーデンに変えたユニークな事例である。

北加賀屋は、大阪駅から南方10kmほどに位置し、もともとは江戸時代に新田開発により誕生した農村であった。大正のはじめころまで都市近郊農村として米を作っていたが、その後第一次世界大戦を機に、地区内を流れる木津川沿いにたくさんの造船所が立ち並び、重工業の町として栄えるようになった。しかし、1970年代に入ると川幅の狭さ故に大型の船舶に対応できない木津川沿いの造船業は衰退し、空き地や工場跡地などの低未利用地が増加し、都市が空洞化した。人口も減少傾向にあり、1995年から2015年までの間に、8341人から6149人と約3割減少している。大阪大都市圏の中心部に位置しながらも、まさにダルドルップ氏のいう「穴のあいた都市」化が進んでいる地域であると言える。

そのような状況の中、地元の土地を多く所有する有力な不動産会社が、「アート」を通じた地

図6　大阪市北加賀屋「みんなのうえん」（第２農園）（筆者撮影）
左：前面道路からみた農園。周囲は低層の住工混在地域となっている。
右：みんなのうえんの一区画

域の再生を目指し、「北加賀屋クリエイティブビレッジ構想」を立ち上げた。ちょうど小津町が地域再生計画を立て、それに添った事業を進めているのと同じように、北加賀屋でもこの構想の下で、造船所跡地を使ったアートイベントのほか、空き地や工場跡地を様々な用途へ転換するなど、地域の再生をはかる取組みが進められてきた。デザイン事務所のNPO法人Co.to.hana（コトハナ）が運営するみんなのうえんもその構想の一環として生まれた。地元の不動産会社がコトハナに土地を提供し、コトハナが空き地をみんなが集まれるコミュニティガーデンとしてみんなのうえんを整備した（図6）。プロジェクト開始から3年間は、不動産会社からの資金提供を受けていたが、貸し農園の利用者からの利用料とイベント実施者からのスペースレンタル料により、4年目以降は独立採算事業として運営し、地代も不動産会社へ支払っている。補助金など公共の資金は投入されておらず、民間の力だけで低未利用地を再生させた事例として注目に値する。

農園は2カ所あり、第1農園は2012年に、第2農園は

２０１３年に開園した。それぞれ面積は１５３平方メートルと５１２平方メートルである。農園整備にあたっては、大阪市内の農家に土づくりなどの面で指導を受けてはいるが、基本的に、農業に関しては全くの素人であった20代の若者たちが自らの手で開墾し、開園にこぎつけた。また、2つ目の農園では、隣接する敷地の空き家の一回部分を改修し、ミーティングやイベントが開催できる拠点として活用している。農園は、市民農園と同様に貸し農園として会員に利用されている区画があり、これまでに累積で１００名を超える参加者が区画を利用している。また、活動の幅は非常に広く、貸し農園区画での野菜の栽培だけでなく、とれた野菜をつかったカフェ、ものづくりワークショップ、料理教室など用なイベントがこれまでに実に４００回以上を実施されている。イベントの実施者は、コトハナだけでなく、貸し農園の利用者や、その他の料理研究家やアーティストなど様々で、みんなのうえんは「農」や「食」や「アート」などに関心のある人々が集まり、活動する拠点となっている。また、興味深いことに、参加者の中には、みんなのうえんでの活動をきっかけに、現在の仕事を辞めて本格的に新規就農をしたり、地域内の空き家で起業したりする人もおり、それぞれの人が自己実現をはかる上での足がかり的な場所としても機能している。

元々農村であったとはいえ、小津町の事例と異なり、北加賀屋はすでに農村であったころの履歴を失い、農家も地区内に一人もいない。そのような中で、空き地を農園として再生し、様々な人を巻き込みながら、地域や社会の改革を目指す彼らの活動は、代々農地を受け継いできた農家が行う従来の都市農業の姿とは大きく異なっている。コトハナがみんなのうえんの目的を「地域の空き地を活用し、世代や所属を超えた人のつながりを生み出し、生きがいや潤いのあるまちづくりを目指しています」（コトハナのHPより引用）と表現するように、畑をつくり、生産性のある農業をおこなうことは目的ではない。むしろ「農」や「食」を手段として、近代化の過程で薄れてしまった人と人との繋がりを、もう一度紡ぎ直せる場所を作りだすことが目指されている。

また、みんなのうえんの事例は、「農」と触れ合う機会の少ない都市の中心部に暮らす若者の間でも、「農」ある暮らしを求める潜在的なニーズが広がっていることを示唆している。実際に、みんなのうえんを開設したのは農業の経験のない芸術系の大学をでた20代の若者たちであり、またみんなのうえんの利用者も20代から40代が中心である。これは、市民農園や体験農園の利用者はリタイア世代が中心であることと対照的である。これからは都市の中心部においても、空き地などの低未利用地や使われていない屋上空間などを活用して、みんなのうえんのようにアントレプレナー的精神を持った若者たちが「農」ある暮らしを実践する場が増えていくだろう。

英国ロンドン——持続可能な未来のために首都を耕す

北加賀屋のみんなのうえんのような取組みをネットワーク化させ、都市全体にわたる大きなムーブメントにまで推し進めた事例として、英国ロンドンの“Capital Growth”（キャピタル・グロース）というユニークな運動が存在する。

キャピタル・グロース運動は、ロンドン・オリンピック・パラリンピックが開催される2012年までに2012カ所のコミュニティガーデンを新設することを目標として、2008年に開始された。実際にこの目標は達成され、2018年4月現在、2767カ所のコミュニティガーデンがつくられ、合計80万平方メートルの土地が耕されている。平均するとひとつのコミュニティガーデンあたり面積は300平方メートルほどで、日本の生産緑地指定の下限面積と同程度と、決して広くはない。それらのコミュニティガーデンのうち約7割は、空き地や屋上などの都市内の低未利用地を活用してつくられた[14]。また、60%のコミュニティガーデンでは60歳以上の者が活動に係わり、82%では16歳以下の子どもたちも活動に係わるなど、実に幅広い年齢の都市住民がプロジェクトに参画している[14]。

このプロジェクトを展開したSustain（サステイン）は、「食」と「農」に関わる約100の組織の連携の元に1999年に設立された。設立の背景には、1980年代後半にイギリスで社会問題となった狂牛病（BSE）問題をはじめ、食の安全性に対する社会的な関心の高まりがあった。サステインは、地球への環境負荷が高く、複雑で不透明な現在のフードシステムを、安全で信頼ができ、かつ健全で持続可能なものに転換させるため、様々なプロジェクトを展開している。キャピタル・グロース運動もそのひとつで、その名が示すように首都であるロンドンにおいて、都市住民がみずから耕し、食料を生産することを促進するプロジェクトである。

キャピタル・グロース運動では、食料生産をコミュニティ単位で行うことで、人々の社会参加

図7　BOSTが再生したオクタビア・ヒルのRed Cross Garden（筆者撮影）

を促し、コミュニティの醸成を図ることが強く意図されている。世界中から多様な民族が集まる大都市ロンドンでは移民が増加し、仕事に就けない者が多く暮らす地域の貧困問題が顕在化していた。キャピタル・グロース運動のコミュニティガーデンは、そのような低所得者の人々に対し新鮮な野菜を安価で手にいれる機会、そして社会参加や職業提供の機会を提供している。また、そもそもロンドン・オリンピック・パラリンピックは、ロンドンで最も貧困層が多いエリアで開催することで、その地域の再生を狙ったものであった。キャピタル・グロース運動は、そのようなオリンピック・パラリンピックの全体的な目標とも連動させながら、低所得者の人々の救済のために「食」と「農」をテーマとした一大プロジェクトを展開した。

図7はその一例で、BOST（Bankside Open Spaces Trust）というテムズ川南岸のバンクサイド地区で活動するトラスト団体が再生し、維持管理をしているコミ

ュニティガーデンである。ＢＯＳＴが活動するバンクサイド地区は、ロンドンの中でも低所得者が多く住む地域である。また、ナショナル・トラストの創始者の一人である社会改良家のオクタビア・ヒルが19世紀校半に貧しい労働者階級の人々のためにつくった歴史あるコミュニティガーデンRed Cross Garden が存在する。ＢＯＳＴは、２００5年より荒れ果てていたオクタビア・ヒルのガーデンの再生をおこなうとともに、２０１0年からは地区内の公営住宅を中心に27のEdible Bankside（食べられるバンクサイド）と呼ばれる農園を新たに設置した。これまでにコミュニティの手によって合計５００平方メートル以上の土地が耕された。また、若者が職業訓練としてガーデニングの技術を学ぶ場となっており、地区内の物理的な環境の改善だけでなく、人材育成やコミュニティ醸成の場としても機能している。

さらに、当初、民間による草の根的な活動として開始されたこの運動は、２０１2年に策定された大ロンドン庁が策定した総合計画「ロンドン計画」にも記載されるなど、公的にも存在価値を認められるに至っている。図8は、「ロンドン計画」の計画指針に記されている地図で、中心部の小さな点一つひとつがキャピタル・グロースによって生み出されたコミュニティガーデンを示している。この地図からも読み取れるように、キャピタル・グロースの敷地は、ロンドンの中心部に多く立地している。ロンドンには都市の拡大制御のために１９４0年代に設定されたグリーンベルトがあり、農地や森林が担保されてきた。そして、その少し内側にアロットメント(Allotment) と呼ばれる市民農園が分布している。しかし、新しく市民農園の区画を利用したい人

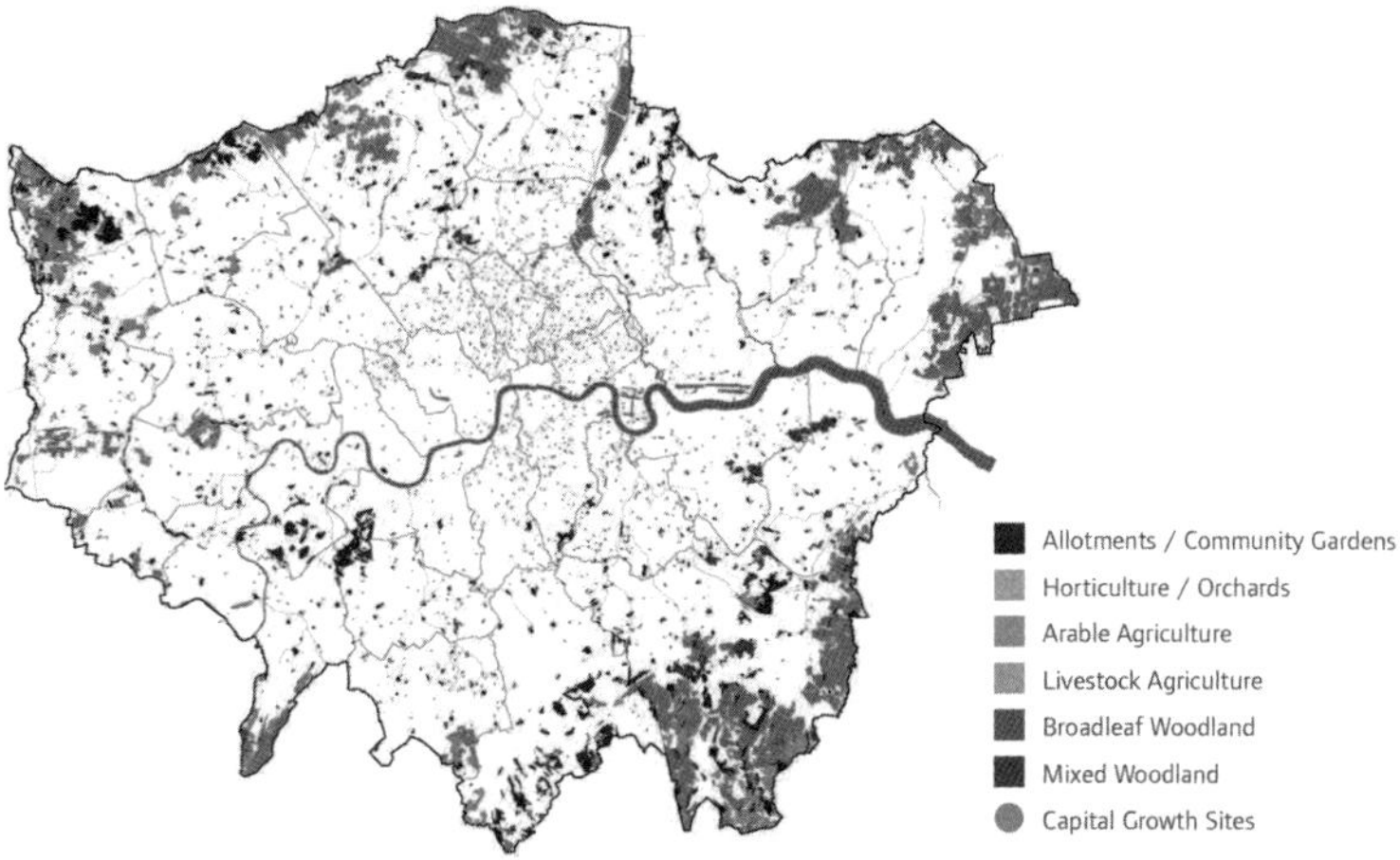

図８　ロンドン計画の指針に記載された生産的緑地の地図[10]
地図の中心部の小さな点が“Capital Growth”プロジェクトの敷地である。

は、20年以上待たなければ順番が回ってこない状況にあり、多くの市民の野菜を育てたいという需要を満たすことができない。キャピタル・グロース運動のコミュニティガーデンは、ちょうど北加賀屋の「みんなのうえん」がそうであったように、既存の市民農園ではカバーしきれない人々のニーズを満たす空間を提供している。

また、運営体制の上で注目すべきは、サステインが自らコミュニティガーデンを開設するのではなく、土地の所有者と利用者、あるいは自治体と市民をつなぐ中間組織として機能していることである。サステインは、大ロンドン庁などの行政機関や種々の基金を運用する組織と交渉して資金調達を行い、その資金を元にコミュニティガーデンの開設を希望する団体に支援を行っている。実際に、

2008年から2012年までに、943の団体に対して、60万2000ポンド（約9300万円）の資金がサステインを通じて分配された。[14] 本運動は、オリンピックという一過性のイベントを契機としつつも、草の根レベルの支援活動と行政への働きかけの双方により、コミュニティガーデンという空間を都市に定着させることに成功したといえる。日本においては柏市のカシニワ制度のように自治体が空き地などの所有者と利用者を仲介し、活動資金を支援する事例が存在するが、[5] ロンドンのサステインの事例は民間もその役割を担うことができることを示してくれている。日本では人口減少により自治体の財源が逼迫する中、公民連携により従来の行政サービスの一端を民間が担っていくことが期待されている。そのような中にあって、サステインの取組みは大きな示唆を与えてくれる。

米国デトロイト――都市の計画的な縮小を目指して

最後に、米国のデトロイトの事例をひとつ紹介したい。デトロイトが位置する米国の中西部から北東部にかけてはラストベルト（Rust Belt、金属がさびついた地帯の意味）と呼ばれる、脱工業化により著しく衰退した都市が広がっている。元々自動車産業で栄えた地域で、米国の三大自動車メーカーが本社を置いていた。しかし、アメリカの自動車産業の衰退とともに各社は大幅なリストラを余儀なくされ、職を失った低所得者層の人々が溢れ、都市が荒廃していった。

デトロイトの1950年時点での人口は約185万人であったが、2010年には71万人と半分以下に落ち込んだ。その結果、広大な低未利用地が都市の中に出現した。現在、デトロイト市内に残されたのは移住する宛もお金もないアフリカン・アメリカン系の低所得者層の人々が大半を占める。自動車の街として栄えたデトロイトにもかかわらず、現在のデトロイト市民のうち自家用車を所有するのは全体の20％にすぎない。また、人口減少により小売店やスーパーマーケットの多くが撤退したため、移動手段をもたない低所得者の人々は、生鮮食品を入手しづらい環境に置かれた。このような状況はフードデザート（食の砂漠）問題と呼ばれ、日本においても都市の縮小や高齢者の孤立などにより、今後より問題が顕在化してくると言われている。

デトロイトがそのようなフードデザート問題に対する解決策のひとつとして注目したのが「農」であった。低所得者の人々自らが家の庭や空き地を農園に変えることで、新鮮な野菜を入手できるよう、ロンドンのサステインのように、低所得者向けの草の根的なプロジェクトを行なう非営利団体が複数立ち上がった。例えば、２０１３年より活動するKeep Growing Detroitは、低所得者の人々に対して種や苗を提供したり栽培方法などについての講習会を実施したりすることで、彼ら自身で新鮮な野菜をつくることができるよう支援している。２０１７年６月に実施したインタビューによると、デトロイト市内の５００カ所以上に農園があり、２万人以上の人が栽培活動に携わるなど、非常に精力的に活動を行っている。

しかし、そのような草の的活動の他にもうひとつ紹介したいのは、広大な低未利用地を自然的土地利用に戻し、都市の縮小を積極的に進めることを盛り込んだ総合戦略「Detroit Future City

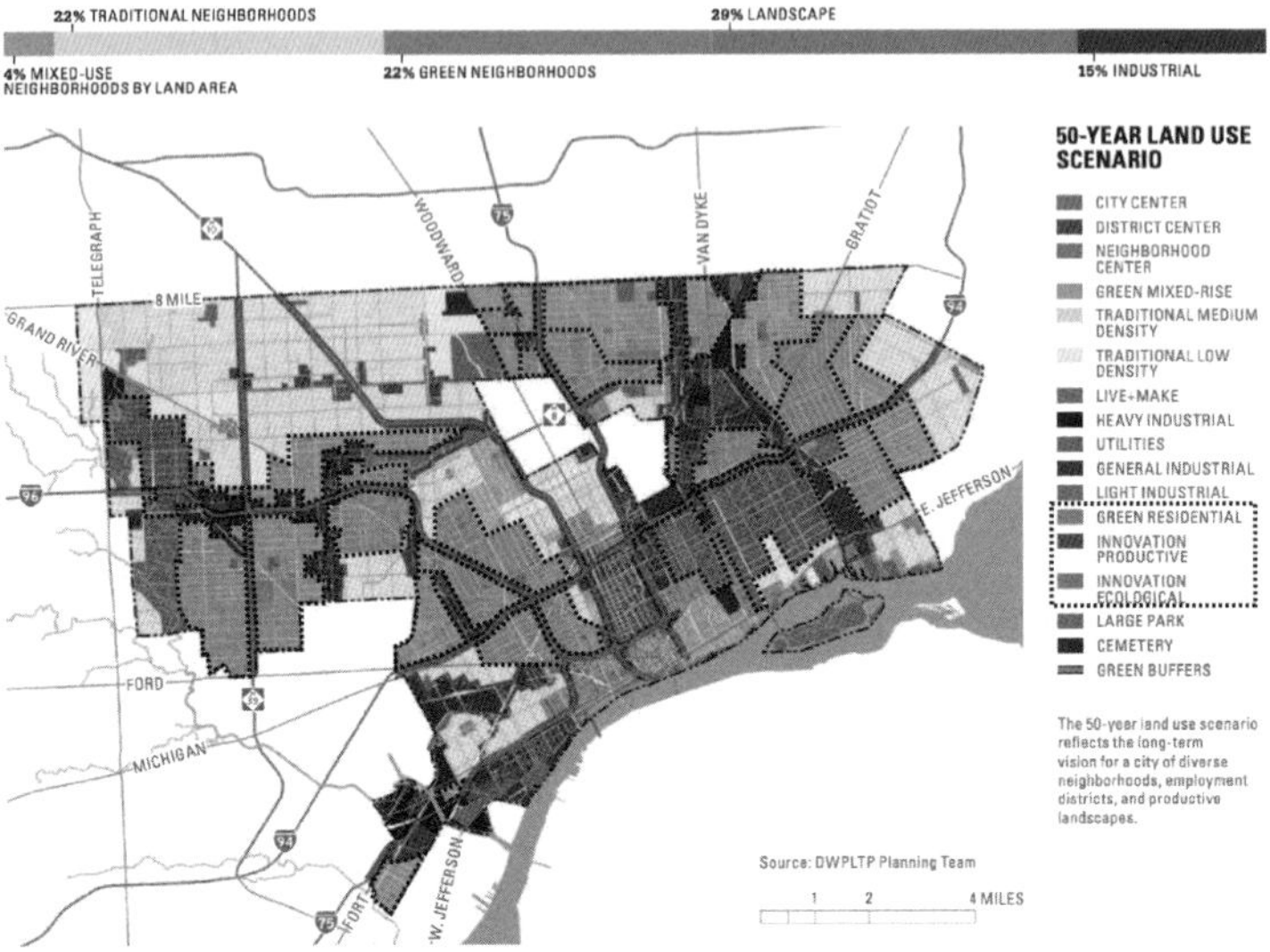

図9　デトロイト市の将来の土地利用方針（文献［2］に筆者加筆）
右端の点線の枠で囲った箇所が「緑の住区」（Green Residential），「生産的な革新」（Innovation Productive），「生態的な革新」（Innovation Ecological）にあたる。

Strategic Framework」（未来のデトロイト市の戦略的枠組み）についてである。デトロイト市は、2013年7月に市が財政破綻をおこし、行政能力が弱体化していた。そのような中、デトロイトの総合戦略は、慈善財団であるKresge Foundation（クレスギ財団）の主導下で2013年1月に発表された。

この総合戦略では、図9に示す50年後の長期的な土地利用方針を定めている。中でも、低未利用地の再生に重点が置かれており、都市の縮小を積極的に進めるための新たな土地利用の分類として、「緑の住区」（Green Residential）、「生産的な革新」（Innovation Productive）、

図10　デトロイト市内の空き地に植林を施し緑地への転換を進めている事例（筆者撮影）

「生態的な革新」（Innovation Ecological）を設定した。これらはいずれももともと住宅地であったことに指定されており、将来的に自然的な土地利用に転換していくことが目指されている。驚くべきことに、それら3つの土地利用を合わせた面積は市域の約半分にのぼる。「緑の住区」は、市域全体の22%を占め、空き地率は高いものの、この先暫くは住宅地として存続する地区に設定されている。「緑の住区」では、近隣の住民が空き地を積極的に活用し、緑豊かな住宅地に転換させることが計画されている。クレスギ財団は、総合戦略の策定後に実行部隊を設け、地元の住民団体や非営利団体の支援を通じて、空き地の利用転換を進めている[7]。図10の写真は、空き地の利用転換の一例で、写真手前部分では、空き家が撤去された後の空き地に、植林が施されている。一方で、その背後には焼け落ちた空き家もそのままの状態で放棄されており、現在の過渡的な姿が現われている。また、「生産的な革新」と「生態的な革新」は、合わせて市域全体の29％を占め、市内でも特に空き地率の高い地区に設定されている。これらの地区では、低未利用地を農地など生産性のある緑地や、生態的に価値が高い森林や低湿地に転換していくことが目指されている。

自治体との連携をはじめ、課題はあるが、積極的に都市の縮小を計画に盛り込んだ総合戦略は、本格的な縮小を迎える日本にも大いに参考になるものである。もちろん、現在の日本はまだデトロイトのような状況にはない。２０１７年の都市緑地法等の一部改正により設けられた田園住居地域も住居地域という名前が示すように、人が住むエリアとして考えられている。しかし、今後更なる人口減少が進み、点としてではなく、面としてまとまった低未利用地が発生した際には、田園住居地域という都市計画ツールだけでは追いつかず、デトロイトのようにより自然的な土地利用へと転換していくための方策が求められるだろう。

4　まとめと展望

ここまで都市の縮小の実態とコンパクトシティ政策について紹介し、それと関連した都市農地の役割の変化について述べ、先進的な国内外の「農」を活かした地域再生の取組み事例を４つ紹介した。最後に、縮小する都市における「農」の可能性について展望することでまとめとしたい。

「生産する消費者」の出現

未来学者のアルビン・トフラー（Alvin Toffler）は、１９８０年に出版された著書「第三の波」（The Third Wave）の中で、自給自足の時代（第一の波）から、生産と消費の分離の上に市場経済が成立つ産業革命以降の時代（第二の波）を経て、現在はそれらを止揚した統合的な経済（第三の波）が出現しつつあると主張した。[15] そして、第三の波の時代には、それまで切り離されてきた生産と消費の関係が変わり、自らの手でものを生産し、消費することがますます盛んになると予測した。そして、生産者を意味するプロデューサー（Producer）と消費者を意味するコンシューマー（Consumer）をかけあわせて、プロシューマー（Prosumer）という新たな「生産する消費者」像を提示した。現在、日本だけでなく世界の都市でおきている「農」をめぐる新しいムーブメントは、まさにトフラーが示した「生産する消費者」の存在によるものである。小津町の事例では地域内の農家が、地域外の都市住民と協働しながら「農」のまちづくりを展開し、北加賀屋のみんなのうえんの事例でも農業経験のない若者たちが農家に指導を仰ぎながら、自らの手で空き地を農園として再生させた。これからの都市における「農」の担い手は、「生産する消費者」としての都市住民の役割がますます重要となるだろう。

縮小を機会と捉える

そうした「生産する消費者」にとって、縮小する都市には機会があふれている。小津町の事例も北加賀屋の事例も、活動の拠点は空き地や耕作放棄地などの低未利用地である。放っておけばただ荒れるに任せる土地が、「農」を通じて様々な人が集まる拠点として再生され、その場所が地域に活力をもたらしている。ロンドンのキャピタル・グロース運動もデトロイトの縮小戦略の事例も、ともに都市の縮小や空洞化により発生した低未利用地を農園として利用し、特に貧困層の人々の暮らしの改善を図ることがアイディアの根本にある。今後、今よりも人口が減少していくことはあらがえない事実ではあるが、縮小を逆に機会として捉え、「生産する消費者」となった都市住民たちが「農」を通じて豊かな暮らしを自ら実現させていくことは可能である。また、本章では紙面の関係上触れられなかったが、都市に「農」の空間が生み出されることの副次的な効果として、生き物の生息空間が増えるとともに、微気象の緩和や雨水浸透の増加など、各種生体系サービスの向上が期待できる。[8] この視点は、持続可能な都市を考える上で重要なテーマの一つであり[13]、都市の縮小によりランダムに生まれる「農」の空間が、どのようにすれば都市全体の生物多様性や生態系サービスの質の向上に繋がるのか、今後理論と実践の両面から取り組んでいく必要がある。

都市から農村への波及効果

「生産する消費者」による都市での「農」の活動は、日本全体の農家が営む生産活動と比べると、取るに足らないものである。しかし、都市住民が身近な場所での「農」の活動を通じ、「食」や「農」に対する関心を高めることは、日本全体の農業へのメリットをもたらすと考えられる。例えば、食の安全性やフードマイレージなどグローバル化した現代社会が抱える課題への関心が高まれば、それは国産食材の選択や環境負荷の少ない食材の選択、さらには農村での農業体験の実施や移住など、人々のライフスタイルの転換を促すきっかけとなる。実際に、北加賀屋のみんなのうえんの事例では、農園での活動きっかけとして地方に移住し、本格的な農業を始める若者も存在した。すなわち、都市での「農」の活動は、都市住民が都市で豊かに暮らすための手段としてだけではなく、少なからず農村へも波及効果を持っている。その意味で、都市の中に都市住民が身近に「農」と触れ合える場所があることは、都市だけでなく農村にとっても重要な意味をもっていると言える。

中間組織の重要性

では、日本においてそのような「生産する消費者」を増やしていくためには何が必要なのだろうか。その鍵は、ロンドンのキャピタル・グロース運動を展開した慈善団体サステインのような中間組織の存在である。中間組織は、活動場所となる土地の所有者や管理者と活動を希望する都市住民との間をつなぐ「縁結び」の役割を果たすとともに、都市住民が活動を始めるにあたって必要となるもの（活動開始のための資金、農園の開設方法や野菜の栽培方法などの情報、苗や種や道具）を提供することで、普通の「消費者」であった都市住民が「生産する消費者」となることを支援する。日本においては、コミュニティ自治が機能している小津町のような地域では、町内会が自治体と役割分担することで、中間組織的な役回りを果たす場合もあるだろうし、北加賀屋のコトハナのような非営利団体が自治体などから支援を受けてロンドンのサステインのような中間組織へと発展していく可能性もあるだろう。また、特に農地であれば、本章第2節で触れたベンチャー企業も類似の役割を担い得る。中間組織のあり方は、地域の実情や、土地の種類によって様々なタイプが想定されるが、いずれの場合でも主体性をもった「民」の存在が不可欠であり、さらに「民」と「官」が高度に連携することが成功の鍵となるだろう。

本格化する人口減少社会を見据えて

一方で、より長期的な視座から今後本格化していく人口減少社会を見据えると、まだ課題も多い。現在の日本では、これまで「宅地化すべきもの」として位置づけられていた都市の農地が「あるべきもの」となり、ようやく開発から保全へと舵が切られたところである。しかし、人口減少がより進んでいけば、既存の農地の保全や、一部の低未利用地の農的な空間利用では事足りず、大規模な土地利用の転換を本格的に議論しなければならない時がくるだろう。また、人口減少は日本のみならず、現段階では人口が増加中の他のアジア・モンスーン地域の諸都市でも近い将来に必ずおこる。既に人口の半減を経験したデトロイトでは、かつて宅地だった場所を農地などの生産性のある土地や、森林や湿地などの生態的に価値のある土地に転換していく革新的な計画が示された。日本やその他のアジアの諸都市においても、縮小のその先にどのような青写真を描くことができるのか、未来を見据えた議論と取組みをはじめていかなければならない。その際には、小津町の事例でも述べたように、空いた土地を荒れないように管理するといったマイナスをゼロにするための消極的な発想ではなく、マイナスと思われていたものに新たな価値を見出しプラスに転換させていくような、より創造的な発想が求められる。

注

（1）「人口集中地区」とは、「市区町村の境域内において、人口密度の高い基本単位区（原則として人口密度が1平方キロメートル当たり4000人以上）が隣接し、かつ、その隣接した基本単位区内の人口が5000人以上となる地域」を指す。

（2）「低未利用地」とは、国土交通省の国土審議会土地政策分科会企画部会によって「長期間にわたり利用されずに放置されている土地のうち、『利用』を図るべきにもかかわらず、その『利用』が十分に図られていない土地」と定義されている。空き地、空き家、空き店舗、工場跡地、耕作放棄地、管理を放棄された森林などのほか、暫定的に利用されている資材置場や青空駐車場などが含まれる。

（3）ただし、直売所や農家レストランを設置した土地は、農地ではなく宅地扱いとなり、税負担は増加する。

参考文献

［1］饗庭伸（２０１５）『都市をたたむ――人口減少時代をデザインする都市計画』花伝社、１３５頁

［2］Detroit Future City（2013）*Detroit Strategic Framework Plan*. 2nd Printing, Inland Press, p.757.

［3］後藤光蔵（２００３）『都市農地の市民的利用――成熟社会の農を探る』日本経済評論社、22頁

［4］樋口修（２００８）「都市農業の現状と課題――土地利用制度・土地税制との関連を中心に」調査と情報、６２１

［5］細江まゆみ（２０１６）「カシニワ制度の効果に関する一考察」法政大学日本統計研究所研究所報、47、１１７～１７５頁

［6］国立社会保障・人口問題研究所（２０１７）「日本の将来推計人口」人口問題研究資料、３３６、２頁

［7］黒瀬武史、矢吹剣一、高梨遼太郎（２０１６）「デトロイトにおける財団を中心とした非営利セクターによる空き地利用転換の取組――Detroit Future City Strategic Plan 以降の地区単位の活動支援に着目して」都市計画報告集、15、50～55頁

［8］Lin, B. B., Philpott, S. M., Jha, S.（2015）The future of urban agriculture and biodiversity-ecosystem services: Challenges and next steps. *Basic and Applied Ecology*, **16**（3）, 189-201.

［9］Lütke-Daldrup, E.（2001）Die perforierte Stadt. Eine Versuchsanordnung, *Bauwelt*, **24**（150）, 40-45.

［10］Mayor of London（2012）*Green infrastructure and open environments: The all London green grid, Supplementary planning guideline of London Plan 2011*, p.143.

［11］McGee, T. G.（1991）The Emergence of Desakota Regions in Asia: Expanding a Hypothesis. in Ginsburg, N. S., Koppel, B., McGee, T. G. eds. *The Extended Metropolis: Settlement Transition in Asia*. University of Hawaii Press, pp.3-25.

［12］Sakamoto, K., Iida, A., Yokohari, M.（2017）The tendency for increases in vacant land in a Japanese city experiencing urban shrinkage: A case study of Tottori City. *Urban & Regional Planning Review*, **4**, 111-128.

［13］Secretariat of the Convention on Biological Diversity（2012）*Cities and Biodiversity Outlook*, p.64.
［14］Sustain（2013）*Growing success: The impact of Capital Growth on community food growing in London*, A Sustain publication, p.23.
［15］Toffler, A.（1980）*The Third Wave*, Morrow.
［16］都市計画基本問題小委員会（２０１７）「都市計画基本問題小委員会中間とりまとめ――『都市』のスポンジ化への対応」16頁
［17］渡辺善次郎（１９８３）『都市と農村の間――都市近郊農業史論』論創社
［18］横張真（２０１３）「コンパクトシティはガーデンシティ」新都市、67（5）、13～16頁
［19］横張真・雨宮護・寺田徹（２０１２）「都市を支える「新たな農」」日本不動産学会誌、26（3）、78～84頁

謝辞
本研究はＪＳＰＳ科研費（16H05062）の助成、及び三菱ＵＦＪリサーチ＆コンサルティング株式会社の助成（世界都市農業サミットの開催に向けた検討・調査・研究に係る再委託）を受け実施しました。また、現地調査にあたっては、ＮＰＯ法人Co.to.hanaの西川亮氏と金田康孝氏、慈善団体SustainのSarah Williams氏とMaddie Guerlain氏、慈善団体Keep Growing DetroitのAshley Atkinson氏にインタビューをさせて頂きました。ここに謝意を表します。

第二章　人口減少期の国土計画——ストーリーからデータへ

内山愉太

1　国土計画の新潮流と生命科学

生命科学と社会をつなぐ国土計画

遺伝子情報の解読、編集技術の急速な発展は、分子レベルのミクロなスケールから生命の成り立ちを明らかにしつつある。他方で、よりマクロなスケールの生命のふるまいに関しても、生命科学は普遍的な知見の蓄積を続けている。例えば、人が日常生活を営むコミュニティについて、互いを認知しつつ生活を営む規模としては、150人程度の規模であることが「ダンバー数」として知られている。[3] ダンバー数の規模については、人の脳の機能によって規定されるため、世界各地の都市や地域の計画においても参照され得る。

地域の人の生活のあり方を捉える基本的な変数である人口の総数や、年齢、性別ごとの人口の変動についても、これまでの歴史的な変動の記録や、情報処理技術の進展を基に、より精度の高い予測手法が提案されている。生命科学の知見は、環境、経済、社会の各側面に関わる政策や計画を立案し、遂行するうえで不可欠な情報として位置付けられる。

人口減少、高齢化は、容易に変化させることができないトレンドとして、日本を含む各地で進行している。その状況下において、これまで容易に扱うことが困難であった人々の日常生活のふるまいや人口の詳細な分布といった情報が、ビッグデータとして流通し、現状の把握と将来の予測に基づく政策立案に活用され始めている。広大な地理的範囲を俯瞰する国土計画は、大量のデータによって変化しつつある政策の一つの典型例である。このように、マクロな視点で捉えられる社会は、国土計画の観点からも生命科学とリンクし得る。縮小する生産現場のマネジメントにおいては、ミクロな現場レベルの活動と、広域自治体、さらには国レベルのマクロな施策の相互補完的、相乗的関係を構築することが求められている。[6] データを起点に変化する国土計画の潮流を理解することは、生産現場のマネジメント戦略を構想するうえでも有用である。

本章では、生命科学の知見をベースとした情報が、国土計画において活用されていくようになるプロセスと、その具体的な活用のあり方を概観する。そして、生命科学の蓄積を活用している、社会の骨格に関わる国土の計画、マネジメントの将来展望について議論する。

縮小期の国土計画

人口減少、少子高齢化が進む日本において、現在、空間的に詳細かつ国土スケール、さらには全球スケールで整備されたデータを基にした国土計画の方向性が打ち出されている。過去には経験則や、ストーリーまたはビジョンに頼りがちであったものを、より科学に基づいたものへと変化させている。衛星画像や町字レベルの詳細な空間データを用いて、国土マネジメントにおけるPDCA（plan［計画］－do［実行］－check［評価］－act［改善］）サイクルをミクロ、マクロの空間において実施することが提案され、そのためのモニタリング方針（国土のモニタリング2・0［仮称］）が、2017年5月の国土審議会において提示された。国土のモニタリング2・0では、全国を網羅する500mメッシュ単位のデータを活用した人口分布、高齢化率の分布状況の把握から、日常的な活動をビッグデータによって把握し、生活圏の圏域やインフラをマネジメントしようとする方法や、衛星データを基にした国際的に比較可能なデータを用いた都市地域間比較の試行結果等が提示されている。

これまで、各国の国土計画において、農村から都市への人口移動をコントロールできた経験はないという指摘[13]があるように、国土スケールで人口、土地利用といった要素を操作することは実際には困難である。仮に、意図的に人口や土地利用といった基礎的な要素を操作できないとすれば、どのような戦略が、国土計画には求められるのか。当然ながら、生活基盤としてのインフラの整備は、国土計画が担う主要な役割であるが、一定程度のインフラが整備された後の、「縮小」の国土計画のあり方が問われている。それは、定量的なデータを基に、マクロな構想と結びついたミクロな具体的な空間の創造を行う手掛かりを提供することかもしれない。

そこで本章では、これまでの国土計画について概観し、縮小期の計画に活用される情報に関して、国内外の動向を紹介する。特に、「成長」の掛け声によって地域が一丸とはならない縮小期の国土マネジメントの一環として、国土を俯瞰する視点から、都市地域を類型化する試みについても事例の紹介と議論を行い、マクロな方針とミクロな多様な空間のマネジメントを両立するための情報の活用法について考察した結果を提示する。

ミクロとマクロをつなぐデータと専門家の役割

ミクロな地域とマクロな国土のつながりは、詳細な空間単位のデータを扱うＧＩＳ（地理情報システム）が普及する２０００年代以前は、「ストーリー」（ないしはビジョン）において説明されてきた。例えば、１９９８年に閣議決定された21世紀の国土のグランドデザインにおいては多自然居住地域の創造という地域づくりの提案がなされている。地域という言葉はそもそも多様なスケールの空間を意味することから、「多自然居住地域」は、身近な居住空間から、日常生活が行われる通勤圏を含む空間、さらには複数の都市圏が含まれる広域地域までを統合的に構想するビジョンを提示しているといえる。

そのようなビジョンは個々の空間スケールにおける施策や活動を行う際に参照され、具体的な地域運営がなされる。ただし、広域地域にまで適用可能なビジョンを、ミクロな居住空間、街区の構想において活用するには、ビジョンを具体的なミクロな空間とリンクさせる「翻訳」が必要になる。

これまで、都市計画や農村計画、景観計画や土木、建築設計等に関わる専門家はその翻訳を担い、地域のマネジメントに貢献してきた。具体的な空間にビジョンを反映させるには、地域の環境、コミュニティ、歴史を理解する必要があり、専門家は空間を多角的に理解する者として社会に位置付けられてきた。現在もその位置付けに大きな変化は無いが、開発から環境保全への転換、少子高齢化、２０００年代初頭から急速に進んだ情報技術の浸透等が、地域のマネジメントに空間計画の側面から関わる専門家の役割に変化を生じさせている。これまで専門家自身や、周辺の関係者のみが理解していた情報が広く開示され、以前は専門家も容易に入手できなかった人の行動や、高解像度の地域環境、社会統計に関するデータへのアクセスが可能になる中で、地域や国土の空間に関わるデータを扱う技術をもつことが地域マネジメントの専門家に求められている。

マクロな国土のビジョンとミクロな地域の構想のリンクが、定量的なデータによって説明されるとき、そこには専門家以外にも開かれた議論の場が現れることになる。地域マネジメントに関わる主体の調整役としての専門家に、今後求められる翻訳者としての役割は、データによって語られる内容を解釈し、多様な地域の実態と、マクロな国土との関係性について、広く理解可能なかたちで説明することであろう。

以下では、情報化の流れを踏まえながら、縮小期の国土マネジメントの視点について考察すべく、まず第2節にて、これまでの国土計画について概観し、計画の立案や説明に活用される情報について紹介する。続いて、第3節にて、国際的な動向について、国際比較の意義および具体事例として欧州の取り組みについて提示する。第4節では、国土を俯瞰するための情報について最新の動向を紹介すると同時に、情報を活用した国土マネジメントの一環としての都市地域の類型化の試みについて議論を行う。最後に、第5節において、情報活用により地域をフラットな視点で直視することから始まる国土マネジメントの方向性について述べる。

2　過去の国土計画と計画を立案、説明する情報

ストーリーとしての国土計画

東京の一極集中を避けられなかった点で失敗したとも言われるこれまでの国土計画については、一方で、東京を除く地域間の格差の是正には一定程度効果があったという意見もある。ただし、ストーリーとしての計画という側面が強く、居住空間や都市圏といった日常生活に関わる具体的な空間とのリンクを定量的に説明する計画は、これまで重視されていないようにみえる。国土計画がマクロな、時に抽象的な空間に関する計画であっても、ストーリーが具体的な空間にリンクしていなければ、人口減少、高齢化に起因する空間的な問題の解決は難しい状況にある。人口減

少の要因は産業の衰退による人口移動や、出生率の低下、死亡率の上昇といった要因があり、地域や地域内の街区ごとに要因は異なる。さらに、高齢化の状況も同じ自治体内であっても大きく異なり、人口減少、高齢化と関連する空き家の増加やインフラの維持コストも各地の具体的な状況を把握しなければ問題の解決のための計画を構想することは困難である。

縮小、過疎の問題は、石炭から石油への転換が進んだ最初の全国総合開発計画（一全総）（1962年閣議決定）の時点で、既に地方を中心に顕在化していたが、国という単位の経済成長が優先され、拡大したパイが半ば自動的に再配分されることが期待され、1969年に閣議決定された新全国総合開発計画（二全総）でも開発路線は強化されることとなった。その後の第三次、第四次全国総合開発計画では、環境の重視、多極分散型の国土等のコンセプトが提示され、国の成長のストーリーから、各地域の持続的な運営を語る方向へと転換が見られる。ただし、定量的なデータによって国土を詳細に把握することが技術的にも難しい状況において、データよりも言葉に重点が置かれているようにみえる方針が継続的に提示されている。

例えば、1989年の土木学会の座談会[1]でも主要項目となった国際化の議論は、2004年の国土の総点検においても継続的に議論されている。ただし、非常にマクロな空間の議論に留まっており、経済地理学的な視点は導入されているものの、その時点では、各地の都市、地域の具体的なデータに基づく議論は乏しい。

1998年に閣議決定された「21世紀の国土のグランドデザイン」は、計画のタイトルに「開発」という言葉が使われていないことが示唆するように、開発路線からの転換を意図していた。また、人口減少、高齢化の傾向が加速する状況に対応する必要性が指摘されている。ただし、各地の都市、地域において、人口減少、高齢化の状況、要因や速度が大きく異なる点については強調されていない。副タイトルは「地域の自立の促進と美しい国土の創造」とされているが、自立する地域の具体像は定量データによって十分示されているとはいえない。

２００４年の国土の総点検においては、「ほどよい」計画、土地利用のマクロバランスといった言葉が使われているが、それらの定義や実現のための方法は定量的なデータによって裏付けられておらず、言葉のイメージが独り歩きする状況を形成している。

定量的なデータを基に、各地の具体的な多様な問題を把握し、その対応を国土スケールの俯瞰的な視点から構想することが求められている中で、２０１１年に『「国土の長期展望」中間とりまとめ』が発表された。定量的かつ詳細な解像度のデータが活用され、人口や産業の動態の長期的な展望が、想定される複数の将来的な方向性とともに提示されている。

２０１４年に発表された「国土のグランドデザイン２０５０」は、２０１１年の長期展望のデータを踏まえるかたちで構想されている。各地の多様な状況を、国土を網羅する１kmメッシュ四方単位の詳細な人口データ等を基に把握し、「対流促進型国土の形成」に向けて、都市地域横断的な地域連携を促す方針が示された。

現在、新たに議論されている国土計画の方向性は、ストーリーとしての計画を評価しつつも、定量的なデータによるモニタリングに基づく計画を、国内の地域に関して展開するものとなっている。さらに、国際比較においても、同様に、比較可能な定量データを用いることを念頭においている。今後の国土計画は、地理情報を含む定量データの活用によるモニタリングと、国土計画としての地域連携の促進という二点の特徴を有する。

国土計画の目的の変化

国土計画において、ストーリーに加えて、定量的なデータに基づくモニタリングが重視されるようになった背景には、以下本章で述べる情報技術の進化に加えて、縮小期へと移行する中での計画目標の変化、言い換えると「共通の課題が無くなった」という変化があった。具体的には、戦後復興、無秩序な都市化の抑制、公害対策といった全国的な問題への対応が目標とされてきた1980年代以前は、計画目標が明確かつ全国的な問題が扱われてきた。しかし、その後国土計画の名称が、開発計画からグランドデザインへと変化した期間においては、少子高齢化や、大都市圏と地方の格差といった問題への対応として、多自然居住、対流促進といったキーワードが提示されるものの、実際の問題は、地域ごとに様相が大きく異なるなど、全国共通の具体的な課題を見出しにくい状況となっている。

実際、国土計画のあり方に関する国会での発言を、1983~2002年の期間について時系列で分析した結果によると、1997~2002年では、「明確な目標の欠落」というそれ以前には発言がみられなかった論点が議論されている。[8] 国内の各地に、環境、経済、社会に関わる対応すべき問題が存在しているにもかかわらず、国土計画の目標が曖昧さを有するものとなる理由は、全国共通の課題を的確に捉える視点の欠如によるものと思われる。

都市化や公害といった顕在化された問題ではなく、少子高齢化に起因する潜在的な問題は、俯瞰的な視点を有しつつ、ミクロな地域の状況を多面的に把握することで、問題の深層や構造を理解しうる。そのために、必要なモニタリングには、各地での定性的な調査に加えて、物理的環境から、社会・経済の状況までを統合的に捉える定量的かつ高解像度のデータに基づく現状把握が求められる。国内各地の政策、活動と連携し、国土計画を問題への対応の一翼として機能させるべく、マクロとミクロの視点を合わせ持ちながら、問題が生じている場所、問題の要因を特定する方法を内包するかたちへと国土計画は変化している。その際、問題の特定と対応策を連動させるための、現状を多角的に把握するモニタリングの力が問われている。

国土を俯瞰する情報

国土計画の立案や内容の説明には、１９６２年に閣議決定された最初の全国総合開発計画の頃より定量的な地理情報が用いられている。国土計画の立案において、行政、企業、研究機関等の多様な関係者が関わるプロセスにて参照される情報を集積した地図資料集としては、１９７１年に開始された国土地理院によるナショナルアトラス作成事業がある。国土の自然環境から、社会・経済的な状況までを一覧で示す資料は、国土計画を含む政策が実行される中で変化する国土の各側面を提示し、政策の多面的な影響を評価する材料として活用しうる。ただし、電子的に地理情報が広く共有される1990年代後半以前は、環境、経済、社会といったそれぞれの分野の専門家が各データを扱い、分野間の関係性や、街区、自治体、国土といった異なるスケールを横断的に分析することは現在ほど容易ではなかった。

以下の4節で詳述する統合型ＧＩＳ（地理情報システム）は、自治体が環境保全、防災、医療福祉、観光といった分野横断的に地理情報を統合し、効率的な行政に貢献することを目的として導入されている。国土計画に関する情報は、そのような分野横断性と同時にスケール横断性が必要となる。例えば、国交省は、インフラ、災害危険地域、森林、農地、市街地等を含む土地利用の分布といった物理的な環境を主な対象としたデータを、国土数値情報として2006年より本格的に提供している。特に、時系列に変化する行政区にとらわれずに分析可能なデータとして、メッシュ単位（1km四方、100m四方メッシュ等）のデータを提供している点に特徴があり、データの解像度を高めると同時に、時系列データの整備を進めている。基本的に日本全土についてデータが整備されているため、国土の詳細な把握と、各地域の比較研究にも頻繁に活用されている。特にメッシュデータは、行政区の大きさが異なる国内外の地域間比較に有用であり、次に紹介する社会・経済系のデータと組み合わせて分析することによって、分野横断的な国際比較にも活用されている。

社会・経済系のデータは、総務省統計局が整備したデータがWebサイト「e-Stat」より提供されている。町字単位やメッシュ単位のデータも一部公開しており、国勢調査を中心とした公的な統計データが、市区町村以下の詳細な地域単位のデータとして整備、発信されている。行政区単位のデータは、時系列分析においては、市区町合併を考慮してデータを再集計する必要もあり、専門家でなければやや扱いにくいデータである。また、国勢調査自体も項目が多岐にわたり、Webサイトが整備されているとはいえ、必要なデータを探索することも容易とはいえない。そのため、環境、経済、社会等の多側面のデータの時系列分析は、データ整備自体も課題といえる。データの蓄積が進む中で、その活用を広く進めるには、データの所在や形式を容易に把握可能な適切なインターフェイスの開発が必要とされている。

統合化された情報のインターフェイスの例としては、2015年に提供が開始された経済産業省と内閣官房（まち・ひと・しごと創生本部事務局）による地域経済分析システム（RESAS：リーサス）[7]がある。RESASは、市区町村単位等の比較的詳細な空間単位の、社会・経済系のデータを中心に、データの種別にリスト化してデータ提供を行っている。人口構造と観光といった異なる公的調査で得られたデータを、ひとつの窓口より得られる仕様は、分野横断的な分析を通した各地域の実態の理解を進めるうえで有用である。また、各自治体のデータの値を地図上に色分けして示す等、可視化機能も備わったデータ分析システムとなっている。その使いやすいインターフェイスから、最近では研究だけではなく教育用として、大学の講義等でも利用されている。市区町村以下の詳細な空間単位のデータは、各自治体が、全国における自らの位置付けを把握し、地域連携の戦略を立案する際や、人口減少や高齢化の状況を含む地域特徴を基にした地域類型を、国土を俯瞰する視点から把握する際にも活用可能である。

3 国際的な動向

国際比較の視点

2017年に提案された、国土のモニタリング2・0は、国土計画のために詳細な解像度の地理情報の活用を推進する動きであると同時に、国際比較による日本の位置付けの理解を進める動きでもある。日本のこれまでの国土計画においても、国際比較の視点は含まれていた。しかし、各国の国以下の市町村や町字レベルの詳細なデータを収集することは容易ではなく、途上国、新興国では町字単位のデータが地理情報として整備されていない国もある。また、国単位のデータであっても指標の定義が異なるなど、国際比較には技術的問題が山積している。

そのため、これまでの国土計画関連の調査では、定量的なデータによる国際比較は、国単位の限られたデータによる比較か、比較可能性の有無にかかわらず、得られた各地のデータを列挙することがなされてきた。日本は、周辺の国の内部の解像度の高い情報の収集については優先課題として取り組んでこなかったようにみえる。

他方で、複数の国が陸続きで存在する地域においては、隣国の国境沿いの都市、地域が自国に直接的かつ速やかに影響を及ぼすため、他国の内部の状況について、可能な限り詳細な空間単位で、環境、経済、社会を含む多側面の状況を把握する必要がある。複数の国が近接して存在する地域であり、かつ一体的な経済圏として存在感を示している地域である欧州は、各国の国土計画に加えて、国同士の計画を調整し、地域全体として望ましい方向性を探る調査組織、ＥＳＰＯＮ（European Spatial Planning Observation Network：欧州空間計画観察ネットワーク）[2]を有している。

ＥＳＰＯＮ（欧州空間計画観察ネットワーク）

ＥＳＰＯＮは、２００２年に発足した、欧州地域全体の陸域の空間計画を支援する調査組織である。ＥＳＰＯＮのミッションは、環境、経済、社会に関する地理情報を統合的に扱い、欧州の国、地域の政策立案者に対して、国際的に比較可能で、体系的かつ信頼性の高いエビデンスを提供することである。ＥＳＰＯＮ自身が行う調査の他、ＥＳＰＯＮが設定するプロジェクトを欧州の調査機関が担当することや、プロジェクトの募集を行うことにより、欧州全体をフラットな視点で観察し、情報の蓄積を進め、調査結果を報告書や、頻繁に更新されるＷｅｂサイトにおいて地図などの可視化されたデータとして発信している。

ＥＳＰＯＮは、これまで２００２〜２００６年、２００７〜２０１３年の二期の間に、前半では、共同体イニシアティヴを支援するエビデンスの集積を進め、後半では、多極分散型構造の利点を明確に打ち出し、ＥＵ結束政策を支援する情報の収集と、地図化等によるデータの可視化を行ってきた。現在、三期目（２０１４〜２０２０年）において、事務局を、ルクセンブルクの持続可能開発・インフラストラクチャー省（Ministry of Sustainable Development and Infrastructure）に設置して活動を展開している。ＥＳＰＯＮの予算は、ＥＵ加盟国に加えて、アイスランド、リヒテンシュタイン、ノルウェー、スイスからの支援を受け、約64億円（48・6百万ユーロ）の予算によって運営されている。

国際比較は、国内の地域間比較以上に、各地の都市や地域の差異を明瞭に浮かび上がらせる。定量的なデータによって、地域内生産、雇用、生活環境等の格差が可視化されたデータは、ランキング表のように、見る者に地域の階層序列化を促すかもしれない。そのような単純なランキング化による解釈を超えて、広域地域の持続可能な方向を探る手掛かりを見出すために、可能な限りフラットな視点で現状を理解する必要性が、ＥＳＰＯＮの活動を通じて発信されている。

ＥＳＰＯＮが発信している地図には、地図が示すメッセージはＥＵの見解ではない旨の但し書きが付されている。ＥＳＰＯＮは、ＥＵの結束政策の思想の根底にある多極分散型の地域構造をひとつの指針として有しつつも、定量的なデータによって現状を直視することを支援し、複数の国が含まれる範囲の空間計画に貢献しようとしている。

欧州においても、各地で人口減少が進んでいるが、日本とは人口減少の背景が異なる（図1）。具体的には、欧州では、主に産業の衰退による社会減が引き金となって人口が減少している地域

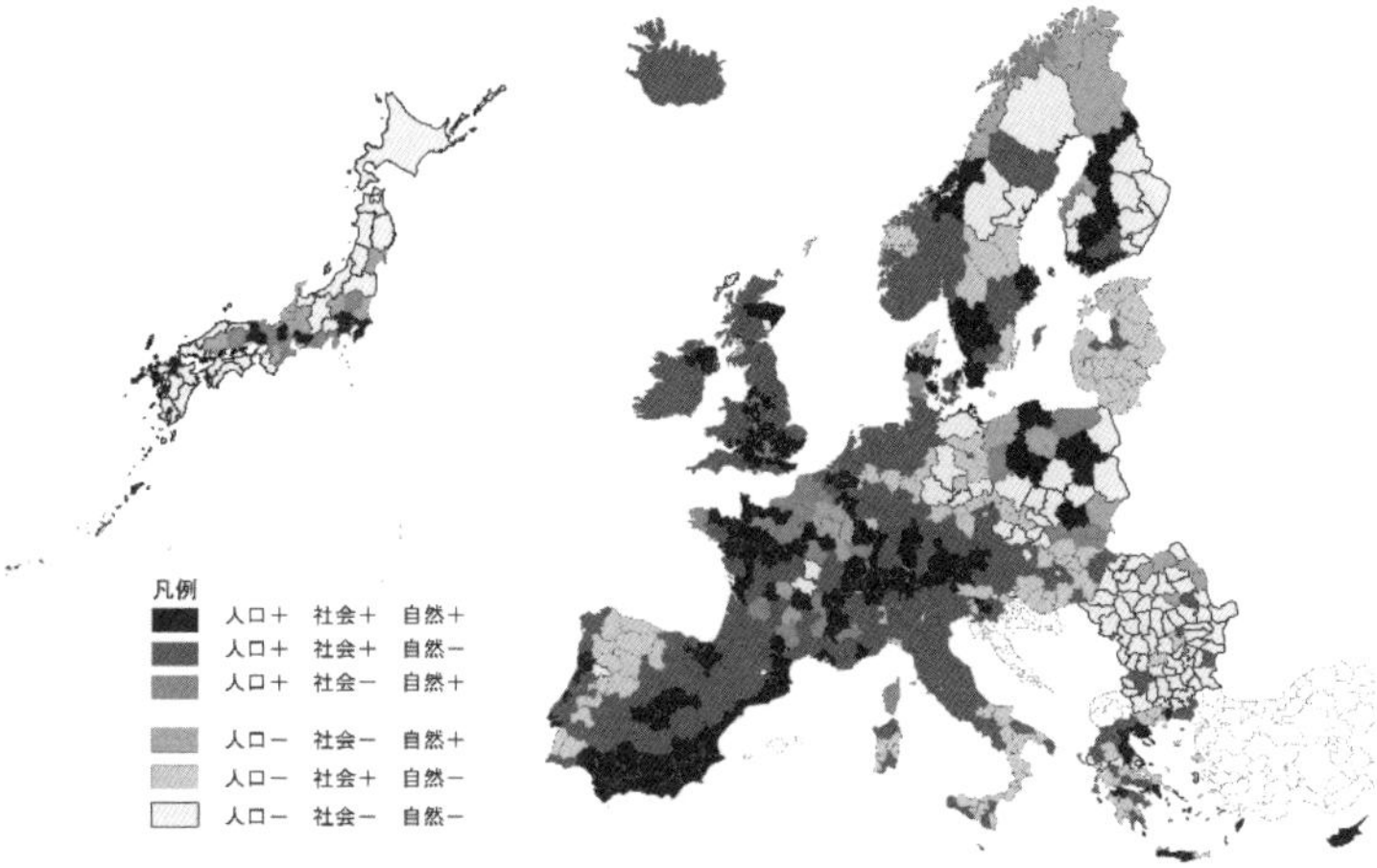

図1　ESPONの発信している地図と日本のデータの比較（人口増減の内訳：人口の移動による増減＝社会増減，出生死亡による増減＝自然増減，データ年：2001～2005年）

が多数存在するのに対して、日本では、少子高齢化にともなう自然減が人口減少の主要因となっている。このような国以下の単位の状況を理解するには、詳細な解像度のデータが必要となる。同じ人口減少地域として、国や自治体間での知見共有は、効果的な政策立案に有用であり、その際には、背景の差異や共通性を理解する必要があり、そのための国際比較が求められている。

欧州における国土計画の例としては、限られた国土の効率的な利用を意図し、ランドスタットといった複数の都市圏からなる地域の戦略的な機能分担等を行っているオランダの空間計画や、歴史的な視点、土地の履歴を考慮した土地利用計画が行われているイタリアの計画等がある。いずれも、定量的なデータ、地理情報の活用、地図化を進め、現状の詳細な理解に基づいた計画の立案がなされている。

拡大成長期には、過度な開発を抑制することが計画の主目的であった。開発や撤退が混在する、縮小期にあっては、まず、複雑な状況を高い解像度のデータに基づき状況を継続的にモニタリング、直視し続けることが肝要となる。そして、開発抑制策以外にも、集約拠点の設定や、社会、生態インフラの効率的管理等、成長期に後退していた課題群に対応する計画が必要とされている。

4　情報技術の展開と都市地域の連携

データの活用とリテラシー

航空写真、衛星画像データの取得と利用は、国土のモニタリングの方法を大きく変化させてきた。それらの技術は基本的にもともと軍事技術であり、各国において国土の環境保全や、インフラ整備に用いられると同時に、他国の資源や環境を把握するための手段として開発が進められている。技術の進歩により、ある時点までは、主に軍事目的で使用されていたデータが、一般市民にも利用可能となっている。その例としては、人工衛星ランドサット（Landsat）のデータがある。1990年代以前は、一部の研究者等が高額な料金で購入していたデータも、現在では、基本的に自由にダウンロード可能である。

データが広く利用可能となることは、データに基づく国土のモニタリング技術を向上させ、データに触れる市民を増加させ、データへの理解を促進する契機となり得る。一部の専門家のみにアクセスが限定されたデータは少なくなり、公的調査の結果のオープン化が進んでいる。国内のデータへのアクセスのみならず、グローバルに整備されたデータの提供も、特に２０１０年前後から加速的に進んでいる。標高や土地利用といった地表環境のデータについて、グローバルデータの整備が１９８０年代に進み、２０００年代には、人口やＧＤＰといった社会・経済系のデータの整備が欧米の研究機関を中心になされ、現在最も解像度の高い人口分布データであるＧＨＳＬ（Global Human Settlement Layer）は、グローバルなデータでありながら約２５０ｍ四方メッシュの高解像度のデータとなっている。グローバルデータを閲覧するには、多くの場合、データを表示させるソフトウェアが必要であるが、データ自体に加えてソフトも無償のものが公開されている。グローバルデータを活用することによって、例えば、ある自治体が都市計画においてコンパクトな市街地を形成する際の人口密度について調査を行う際に、世界各地のコンパクトシティ政策の先進事例となっている自治体のデータに容易にアクセスすることが可能である。

ただし、データに多く接することのみで、自動的にデータリテラシーを獲得することはできない。データは客観性を装い、独り歩きし、データを発信した者の意図とは異なる解釈をされることもある。例えば、産業の衰退により半世紀の間に人口が半減した都市、デトロイト（米国）では、１９４０年以降市内の黒人人口割合が増大し続け、現在、市内のほぼ全域で8割を超えている。他方で、周辺地域では、2割以下の地域が広がっている。このような地図（図2）は、居住

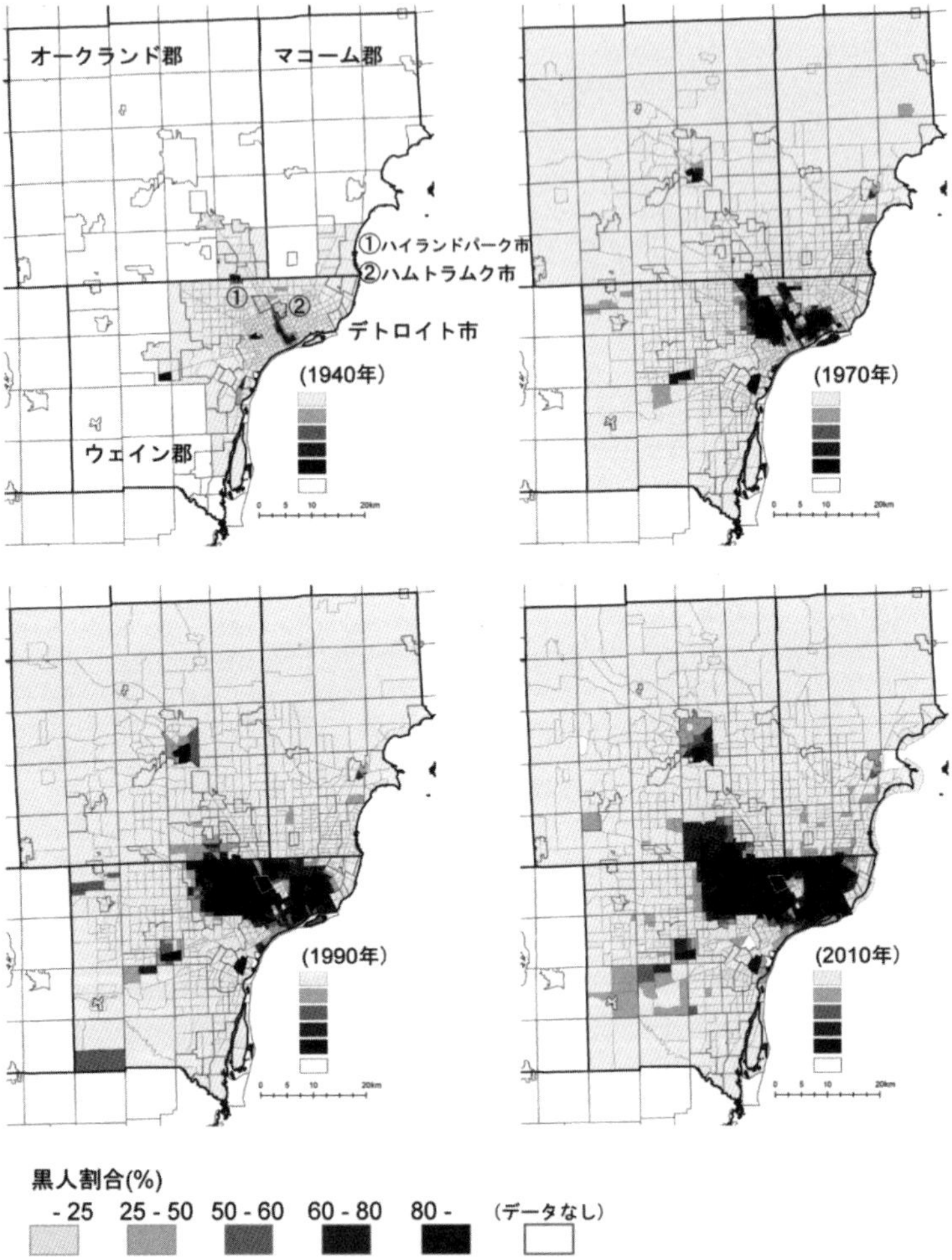

図2　デトロイト市および周辺地域の黒人人口割合の変化（U. S. Census Bureau，Minnesota Population Center のデータを基に筆者作成）

地の選択の際に参照され、人種間でのさらなる居住分化を進めてしまうことが危惧される。異なる出自、人種の人々がそれぞれ集まって別の場所に居住する傾向が広域的に進むと、各居住地域において排他性が高まり、他の人種の人々への無関心さが広がることによって、社会的不安が増すことが懸念される。

このような地図はデトロイト市の都市計画部門が公表している他、米国のセンサス等の公的な統計データは海外からのアクセスも容易である。現実を一定程度フラットな視点によって可視化する定量的なデータに接する際には、そのフラットさ故に、データの解釈の自由があることを前提として、データが意味する内容や、その影響を想像することがデータを受け取る側、発信する側の双方に求められる。

国内の地理情報システムの普及に向けた動き

地理情報システム（ＧＩＳ）は、地図および地図上に配置されたデータを共有、分析するシステムとして、国土計画のみならず、産業、医療・福祉分野等の広範囲での応用可能性が高い。そのため、個々の分野の計画を立案、実施するうえでも、その他の分野間との調整を行い、相乗的な計画を実施するために、情報の統合化が目指されている。

これまで、内閣官房に地理空間情報活用推進室が設置され、第一回地理空間情報活用推進会議が２００５年に開催され、２００８年には、地理空間情報の活用推進に関する行動計画（Ｇ空間行動プラン）が発表され、G空間行動プランは現在も継続的に更新されている。府省横断的な情報共有、発信を進めるために、各府省が整備しているデータを横断的に検索するためのシステムや、産学官の情報共有のための「G空間情報センター」（一般社団法人社会基盤情報流通推進協議会）、一般的な地図・空中写真のデータベースを公開している「地理空間情報ライブラリー」（国土地理院）等が利用されている。これまでもシステムの統廃合が相次いでなされており、現状では地理情報の横断的な検索システムの整備は途上にあるといえる。

自治体レベルの地理情報の統合利用においては、「統合型GIS」[5]が活用されており、統合型GISは、総務省によって次のように定義されている。「地方公共団体が利用する地図データのうち、複数の部局が利用するデータ（例えば道路、街区、建物、河川など）を各部局が共用できる形で整備し、利用していく庁内横断的なシステム」。総務省では、統合型GISに関して、1997年に「地理情報システム（GIS）に関する調査研究」に着手し、1999年に「統合型GIS共用空間データベース仕様に関する調査研究」を実施、2004年には「統合型GIS導入・運用マニュアル」の提供を開始している。統合型GIS導入は自治体間や、分野間でも温度差がみられる。ただし、必ずしも特定の地域に集中せず、自治体の各地に居住する高齢者の情報や、空き家、未利用地等の情報を、縮小期において詳細に把握する必要性があり、統合型GISの導入は進む傾向にある。

図3は、市区町村を対象とした調査結果であり、利用業務別の統合型GISの導入割合を示す。

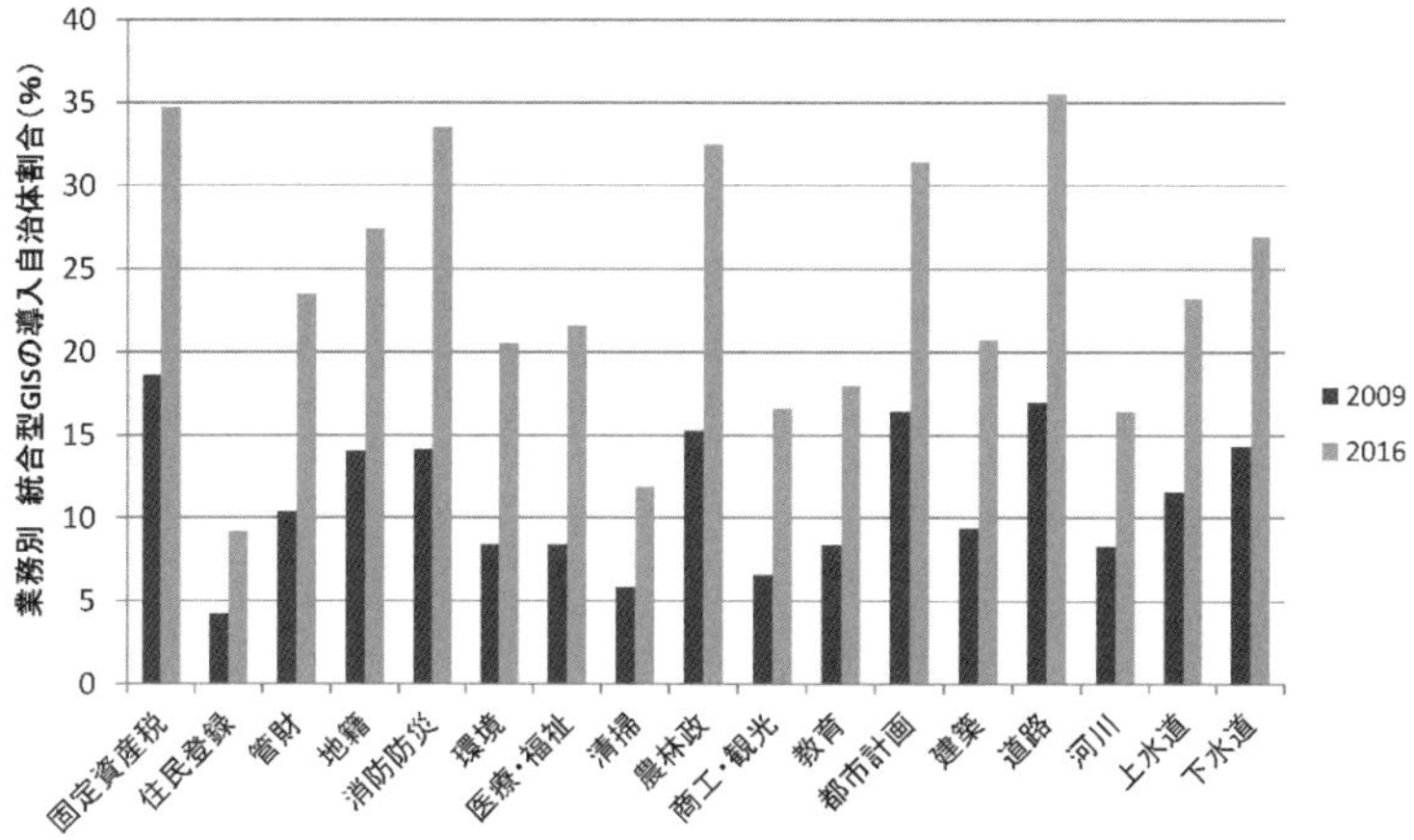

図３　統合型GISの導入状況の変化（総務省 情報通信白書（平成21年及び平成28年版）を基に筆者作成）

最近7年間の各業務における導入割合は、大半の業務で倍以上に増加している。特に、固定資産税、消防防災、農林政、都市計画、道路については、3割を超える導入率となっている。医療・福祉、商工・観光、教育といった分野にもニーズはあると思われるが、導入率は、15〜20%台にとどまり、地理情報の整備に難しさを抱えている可能性がある。

統合型GISでは、分野の横断性を高める点での「統合」が強調されているが、地理情報は、スケール横断的な分析に適した情報であり、当然ながら異なる空間スケールでの「統合」にも貢献し得る。

地理情報の活用による都市地域の類型化

1（国内の都市間比較）

国土を俯瞰する視点によって、国土全体と

その内部の都市、地域の多様性、共通性を理解することができる。国土計画は、各地の都市、地域の状態、特徴に立脚して形成する必要があり、そのためのモニタリングの方法を試行した結果を以下に示す。詳細な空間単位のデータによってモニタリングを行うことにより、各地の環境、経済、社会に関わる空間特性を的確に把握することが可能となる。モニタリングの結果は、各地の問題点を把握し、改善策を提案する際に参照されると同時に、各地の都市、地域が、自身の特徴を理解し、類似する他の都市、地域のグループを把握し、連携を深める際のプラットフォームとしても活用される。トップダウン的な施策と、ボトムアップの活動との間で相互に補完する関係を構築することが求められている縮小時代において、俯瞰的な視点から得られた都市、地域のグループが、それぞれ独自に必要な施策を立案し、グループ間、グループ内で、ネットワーク化を進めることは、最新の国土計画の方針である、「対流促進型国土の形成」にも合致するものでもある。また、やや趣旨は異なるが、社会・生態的条件から全国の流域を類型化する試みは、新たな生活圏の確立を目指して定住構想の圏域を提案した第三次全国総合開発計画においてもみられる。

最初に示す例は、国内の自治体のうち、市を対象に、土地利用の特性を基に分類を行った結果である。特に環境保全や、生態系から得られる恩恵（生態系サービス）を持続的に享受するための方策を立案するには、地域の環境条件を把握する必要がある。例えば、ある自治体において、人工的に舗装された開発地によって行区域が占められており、農地や森林等の緑地が比較的少ない場合、その自治体は、豊富な森林を有する自治体の施策を参照するよりも、同様の環境条件の自治体の戦略を参考とする方が、効率的に自身の施策を改善することができる可能性が高い。同じ条件下で、同様の問題を抱える自治体間での知見共有では解決できない問題もあり得るが、基本的には、類似する条件を有する自治体間での連携を強化することは、各自治体および国土全体を俯瞰する観点からも、効率的かつ効果的であると考えられる。

以下では、国土スケールでの各地の環境特性の把握および地域連携に資する地域分類の方法を示す具体的な事例として、生物多様性、生態系の特徴に関連する森林、農地、市街地等を含む土地利用分類の割合およびその分布の形状を基に、日本の７９２の市を対象に分析を行った結果[10]を説明する。

今回の分析では、国際比較を見据え、全球で整備された土地利用分布データを用いた。土地利用分布データは、情報技術の革新により、近年高解像度のデータが公開されている。使用したデータは、その中でも比較的解像度が高く、各国の協力によって開発されたＧＬＣＮＭＯ（２００８）[9]のデータである。解像度は15秒（約５００ｍ）であり、森林、農地、市街地等の20種類の土地利用分類が含まれる。分析においては、土地利用分布データから算出される6種の指標を用いた。それらの指標は、①市街地、②森林、③水田、④畑地およびその他農地と植生の混在地、⑤森林以外の植生を有する自然地の面積割合と、⑥土地利用の混在度である。ＧＬＣＮＭＯ（２００８）のデータを、７９２の市域ごとに再集計することによって算出した。特に、土地利用の混在度については、里山インデックス[4]の手法を参照して計算を行った（図4）。多様な土地利用が混在しているほど高い値を示す指標であり、多様な土地利用がパッチワーク状に存在する里山の環境の生物多様性が高いことに着眼して開発された指標である。

具体的な分析手法としては、まず、上記の6指標を基に統計的解析（主成分分析）を行った。詳細な手法の説明は省略するが、主成分分析は、多くの指標の情報量をより少ない指標（主成分）で、できるだけその情報量を減らさずに説明することを目指す分析法である。分析の結果、2つの主成分が見出された。ひとつの主成分は、特に土地利用の混在度と、市街地の面積割合と比較的高い相関関係を有していた。土地利用の混在度とは正の相関を有し、市街地の面積割合とは負の相関を示した。もうひとつの主成分は、森林および水田、畑地の面積割合と比較的高い相関を有していた。森林面積割合とは、正の相関を有し、水田と畑地の面積割合とは負の相関を示した。

上記の2つの主成分を基に、対象自治体を類型化すべく、クラスター分析を行った結果、3つの類型が把握された（図4）。第1類型（$N=93$）は、市街地割合が高く土地利用の混在度が低いグループである。第2類型（$N=347$）は、土地利用の混在度は比較的高く、森林の面積割合が高い類型であり、第3類型（$N=351$）は、第2類型と同様に、土地利用の混在度が比較的高く、農地の面積割合が高い類型となっている。

各類型の、土地利用分類の特徴の詳細を把握すべく、各指標の平均値を類型毎に算出した。以下では、各指標の値を基に、各類型の特徴を説明していく。

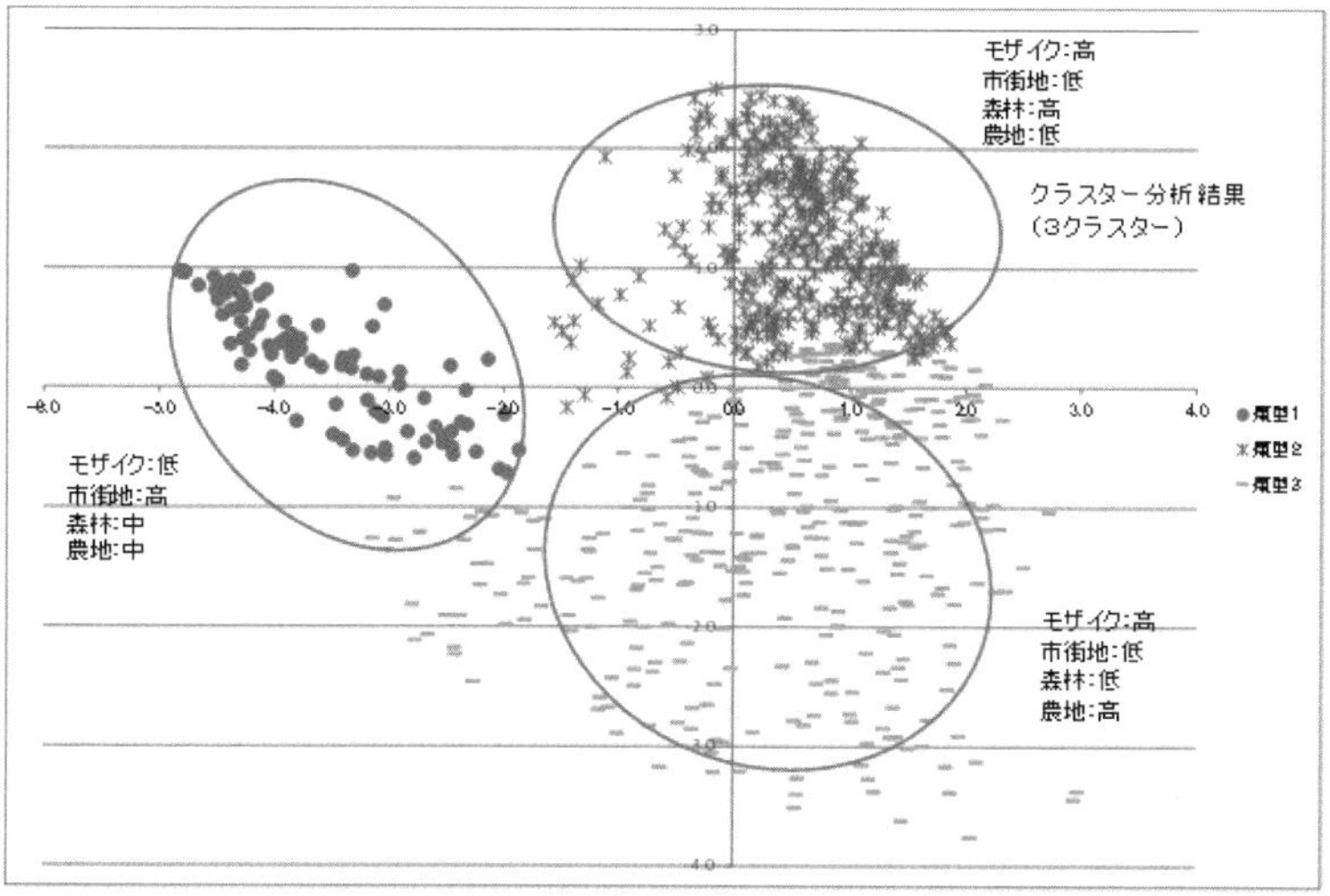

図４　地理情報の活用による都市地域の自治体の類型結果[10]

類型1

市街地面積割合は、平均79％であり、森林の面積割合は、2％である。森林が少なく、市街地割合の高い類型1の自治体は、沿岸部のデルタ地域や平野などに位置することが予想される。大都市圏の中心部の行政区は市街地の面積割合が比較的高く、類型1に含まれている。市街地の面積割合は高いものの、農地面積割合は、類型2と大きく変わらない。ただし、自然地の面積割合が低いため、全体として自治体の行政区内の土地利用の多様度が低く、混在度の指標値は比較的低い。

類型1は、その他の類型と比較して、地域内の生物多様性は低く、生態系から得られる恩恵としての生態系サービスは低調である可能性がある。そのため、地域内よりもその周辺地域の生態系により強く依存していることが予想される。

類型2

森林の面積割合は平均72%であり、市街地の面積割合は4%となっている。この土地利用分類の特徴から、類型2の自治体は、森林を多く有する山地に位置する可能性が高い。農地の割合は比較的低いが、森林以外の自然地の面積割合は10%である。土地利用の混在度の値は比較的高く、混在する土地利用は農地よりも自然地によって構成されている。

都市域内の自然地の割合が高い類型2は、高い生物多様性を有し、豊富な生態系サービスを得ていると考えられる。類型1の自治体は周辺地域との連携によって、生物多様性を保全することが求められるが、類型2の自治体は、自地域内の生態系保全が主な課題となる。

類型3

森林の面積割合が平均28%で、水田の面積割合が23%、加えて市街地の面積割合が12%である。農地の面積割合が比較的高いが、類型1、2のように特定の土地利用分類の面積割合が特に高いわけではない。多様な土地利用分類を有し、土地利用の混在度の類型内の平均値は最も高い。そのため、類型3の自治体は、山地と平野の境界部分に位置し、多様な土地利用のパッチワークが見られる里山的な景観をより広く有している可能性がある。

地域内に最も多様な土地利用分類が存在する類型3の自治体には、市街地によって占められている類型1の自治体よりも、高い生物多様性が存在し、生態系サービスもより豊富であると予想される。ただし、類型3の自治体は農地に囲まれているため、市街地は容易に拡大し得る。そのため、農地に依存する生態系の保全が比較的難しい可能性があり、もし適切な農地管理、市街化の抑制策を実施できなければ、生物多様性の低減や生態系の劣化を招いてしまうリスクを有する。

国土マネジメントに貢献する地域連携

山地の面積割合が比較的高い日本の特徴として、行政区の市の領域にも、人口密度の低い森林が含まれる可能性が高く、農地面積割合の高い類型3においても、森林の面積割合は25％を超えている。日本は、アジアモンスーン気候帯に位置し、その他のアジア地域と同様に、高密な水田地域を有する。市街地面積割合の比較的高い類型1の水田の面積割合が、森林の面積割合が高い類型2よりも高いことは、市街地化し、高密化した地域の周辺にも水田が形成されていることを示唆している。日本の自治体においては、人口減少、高齢化が進む中で、生物多様性と生態系サービスの持続的かつ効率的な管理を行うために、このような地域特性を踏まえた環境管理を行う必要がある。地域の環境特性は、同様の気候帯に位置するその他の国の自治体とも共有していることが予想される。自治体による環境マネジメントについて、環境特性、土地利用の骨格が共通する自治体グループにおいて、国際的な知見共有、地域連携を行うことは、広域地域や国土スケールの環境管理に貢献することとなる。

地理情報の活用による都市地域の類型化2（国際比較）

次に紹介するモニタリングの事例は、人口分布の国際的比較例である。人口分布は地域の社会・経済特性を示す基礎的な指標であり、改めて例として持ち出す必要がない指標と思われるかもしれない。しかし、人口というシンプルなデータであっても、比較分析においては、その空間領域（人口をカウントする単位地域の面積、形状）、人口の定義（夜間、昼間人口、24時間の平均人口等）などの差異を考慮する必要がある。無論、同様の大きさの空間単位でなければ人口の大小または密度の高低を議論する意義は薄れ、異なる定義の人口を比較した場合、比較結果の解釈は困難となる。国土を詳細に把握する際に、都市や地域の立地の分析がなされるが、その際には、空間単位としての都市、地域のそれぞれの定義が国によって異なることも国際比較の障壁となる。具体的には、都市の定義は、国ごとに大きく異なり、国連の発表する世界の都市人口も、各国が提出した、それぞれの独自の定義によって参照された都市人口を集計した結果となっている。

都市は、経済の成長のエンジンとして、また、環境問題の発生地等として、国土計画においても重視される単位であり、近年ではメガリージョンと呼ばれる大都市圏が連続的に広がる地域が、平均的な国家を超える経済単位としても注目されている[11]。例えば、東京、名古屋、大阪の連続的な人口集中地や、米国の東海岸、中国の珠江デルタなどが存在する。それら都市、地域について、比較可能データ、定義を用いることによってはじめて、国土、都市戦略の立案において価値のある国際比較が可能となる。以下では、全球スケールで整備された詳細な空間単位の人口分布データを基に世界のメガリージョンを比較し、類型化を行った結果を紹介する。

世界の各地域の中で、アジアには最も多くの人口が分布し、その人口は世界人口の60％に達している。アジアに次ぐアフリカの人口は世界人口の16％を占めるにとどまり、アジアの人口規模が圧倒的である。また、アジアには巨大な人口集積を抱える人口一千万人以上の都市、メガシティが最も多く存在しているとされる。しかし、一般的なメガシティの人口は、各国の独自の定義によって行政区域単位の人口を基に集計されたものであり、各国のメガシティの区域は面積、形状共に大きく異なる。そのため、客観的に各都市の人口集積の規模を比較する際には、既存のメガシティのデータでは問題がある。

そこで、本章では、世界を網羅した詳細な空間単位の人口分布推計データであるLandScanを活用した。同推計データは、人工衛星より得られた土地被覆や夜間光などのデータと、マクロな地域単位の人口統計データを用いて開発されており、詳細な30秒（約1km）四方メッシュ単位の人口データである。

また、巨大人口集積としてのメガリージョンを、半径50km圏内の人口が一千万人以上の地域として定義した。[12] その円形の地域内に一般的なメガシティが含まれているか否かにかかわらず、その定義に合致する地域を世界中からメガリージョンとして特定した。その結果48のメガリージョンが特定され、そのうちの7割がアジアに分布していることが把握された。インドに最も多く分布し、次いで中国に分布している。

さらに、複数のメガリージョンが連担する地域が、特にアジアに集中しており、それらの地域の巨大な人口規模を象徴している。東京−名古屋−大阪は、８００×５００kmの矩形の範囲内の陸地面積が比較的少ないとはいえ、長江デルタにはその2倍以上の人口が分布し、ガンジスデルタには3倍以上の約3億5千万人が分布している。欧州の二大都市、ロンドン、パリが分布する地域と比較しても、その人口規模は突出している。

同一の定義に基づいて特定したメガリージョンについて、人口分布特性によって類型化したところ、新興のメガリージョンは、成熟したメガリージョンとは大きく異なる人口分布特性をもっていることが把握された（図5）。それは、新興のメガリージョンが、将来的に成熟したメガリージョンと同様の人口分布特性をもつ可能性が低いことを示唆している。新興のメガリージョンは、明確な単一の中心が存在しないことにより、その将来像を類推することは難しいが、潜在する多心的な構造を活かした多心型のメガリージョンを標榜することにより、成熟したメガリージョンの多くが抱える単一の巨大人口集積に起因する問題を回避することができる可能性がある。新興のメガリージョンにおける都市構造の急激な変化や、深刻な格差・分極化の問題に対応するには、成熟したメガシティの戦略とは異なる、独自の都市圏戦略が求められる。また、これまでメガリージョンは本格的人口減少を経験しておらず、東京、名古屋、大阪等は、成熟したメガリージョ

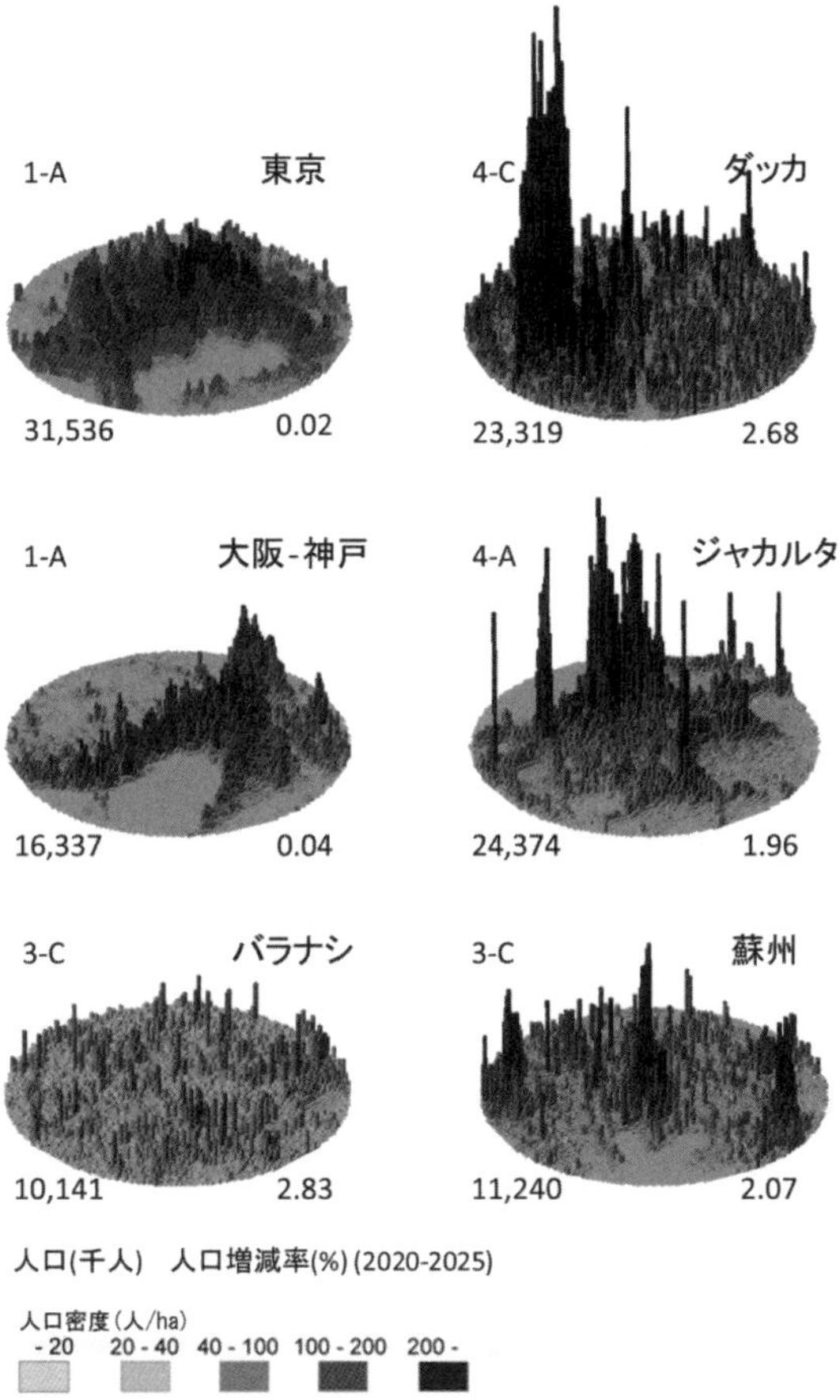

図５　メガリージョンの人口分布

ンの縮小モデルを世界に先駆けて提示し得る立場にある。

5　結論

物理的な空間や、人や物の動きを高解像度で捉えられるようになった現状において、空間を描写し、その変化の傾向を理解することはこれまでよりも容易になった。定量的かつ高解像度の地理情報に基づく国土計画の構想は、そのような技術革新を背景として進められている。ただし、日常生活と国土全体の動向の関係性を想像することは容易ではない。人のコミュニティについて、互いに認知し生活を営む規模として、150人程度の規模であることを冒頭で言及したが、その規模は、日本の国土全体を俯瞰する観点からは小規模である。しかし、150人が生活する地域の分布や、土地利用等の特性が国土スケールで定量的なデータとして容易に把握可能な現状において、ミクロな地域とマクロな国土の連続性はストーリーに加えて、データによっても語ることが可能となっている。

欧州のESPONの取り組みにみられるように、縮小期の国土計画には、定量データの活用とともに、現状を直視して地域の方向性を問う理念が求められる。それは拡大成長期に広く共有されていた、国の経済成長を中心に考える理念とは異なり、環境、経済、社会を含む多側面について、国土、地域、居住地といった異なるスケールの実態把握を基礎として望ましい方向性そのものを問い直そうとするものである。「撤退の農村計画」、「地方消滅：増田レポート」などは、現状を定量的に理解しようと努めることではじめて見出される方向性があるのではないかと考える潮流の一端として位置づけられる。データもストーリーも一人歩きする危険性を有する。そのことを理解したうえで、情報共有や目標達成度の評価が比較的容易な「データ」の利点を活かし、国土、地域の方向性を各地域自体および都市地域連携に立脚して構想する方法、プロセスの設計が課題である。

グローバルに整備された詳細なデータを活用した2つの研究事例の「可視化」による成果で、その可能性を示したように、国土の量的な評価手法は、情報技術の進展によって、詳細化が進み、PDCAによる評価の実行可能性も高まっている。しかし、例えば食糧の蓄積、存在する量としての自給率ではなく、自炊可能性を考慮した自給の状況など、生活の質に関わる評価は、物理現象として捉えにくい部分もある。国土という俯瞰的なスケールと、日常生活を同時に議論するには、量的な部分のみならず、質的な考察も必要となる。また、時系列データの整備や、データ間の因果関係の解明等の課題もある。

量の意味を批判的に捉えなおし続けようとする人文・社会科学は、生態のメカニズムを解明する生命科学との双方向的遣り取りによって、「拡大」とは異なる「縮小」時の物理的環境、生活の質のあり方を思考する枠組みを構築し、量的データを活用しながら日常生活から国土全体を想像し、創造する方向へ歩みを進めることに貢献しうる。

単一のストーリー、青写真を描く計画から、順応的なマネジメントへという提案[14]が国連の機関からもなされて10年が経過しようとしている。国土計画の情報利活用の流れは、ストーリーとデータの組み合わせによってより多くの当事者を巻き込みながら、これまでの行政的枠組みを越えた都市地域の動的ネットワークを形成し、縮小期の国土を考える新たなフェーズを引き寄せている。

参考文献

［1］天野光三、中村英夫、森地茂／司会：三木千壽（１９８９）「座談会　国土計画で何が基本問題か（国土計画〈特集〉）」土木学会誌、74、80〜92頁

［2］「ＥＳＰＯＮ（European Spatial Planning Observation Network）」https://www.espon.eu/（２０１７年11月30日閲覧）

［3］Hernando, A., Villuendas, D., Vesperinas, C., Abad, M., Plastino, A. (2010) Unravelling the size distribution of social groups with information theory in complex networks. *The European Physical Journal B-Condensed Matter and Complex Systems*, **76** (1), 87-97.

［4］Kadoya, T., Washitani, I. (2001) The Satoyama Index: A biodiversity indicator for agricultural landscapes. *Agriculture, ecosystems & environment*, **140** (1-2), 20-26.

［5］大場亨（２００８）『統合型ＧＩＳ統合型ＧＩＳが行政を変える――地理空間情報活用推進基本法の時代の実務』古今書院

［6］小田切徳美（２０１３）『農山村再生に挑む——理論から実践まで』岩波書店
［7］「地域経済分析システム（ＲＥＳＡＳ：リーサス）」https://resas.go.jp/#/13/13101（２０１７年11月30日閲覧）
［8］佐野浩祥、十代田朗（２００３）「過去20年間におけるわが国の国土計画に関する言説の変遷」都市計画論文集、38、１８７〜１９２頁
［9］Tateishi, R., Hoan, N. T., Kobayashi, T., Alsaaideh, B., Tana, G., Phong, D. X. (2014) Production of global land cover data-GLCNMO2008. *Journal of Geography and Geology*, **6** (3), 99-122.
［10］Uchiyama, Y., Hayashi, K., Kohsaka, R. (2015) Typology of Cities Based on City Biodiversity Index: Exploring Biodiversity Potentials and Possible Collaborations among Japanese Cities, *Sustainability*, **7** (10), 14371-14384.
［11］内山愉太、岡部明子（２０１１）「人口分布特性によるメガシティの類型化に関する研究——35都市の類型化を通して——」都市計画論文集、46、８８３〜８８８頁
［12］Uchiyama, Y., Okabe, A. (2012) Categorization of 48 Mega —— Regions by Spatial Patterns of Population Distribution: The Relationship between Spatial Patterns and Population Change, *ISOCARP International Planning Congress, Perm, Russia*, 1-13.　http://www.isocarp.net/Data/case_studies/2130.pdf
［13］UNFPA (2007) *The State of World Population 2007*, United Nations Population Fund.
［14］UN-Habitat (2009) *Planning Sustainable Cities; Global Report on Human Settlements 2009*, Earthscan.

謝辞
本研究は、下記の研究助成の一環として実施された。ＭＥＸＴ／ＪＳＰＳ科研費JP26360062, JP16KK0053, JP17K02105, 17K13305および（公財）クリタ水環境科学振興財団、（一社）東北地域づくり協会。

第三章　縮小する生産現場と獣害

岸岡智也

1　農業の現場での野生動物被害と対策の現状

近年、イノシシ、ニホンジカ、ニホンザルをはじめとした野生動物の生息分布域の拡大が見られる。これら野生動物によって引き起こされる、農業、林業など人の生産活動への被害は以前から大きな問題として捉えられてきた。特に中山間地域では、人口減少や生活スタイル変化に伴う里山の衰退や野生動物に対する狩猟圧の減少などにより、かつては保たれていた人の活動領域と野生動物の生息域の均衡が崩れた。過疎化や高齢化の進行とそれに伴う耕作放棄地の増加という農林業における人的課題も一因となり、野生動物よる農作物等への被害が拡大している。獣害の拡大は農家の意欲を低下させ、さらに農家の離農と耕作放棄地の拡大という負のスパイラルを生み出している。

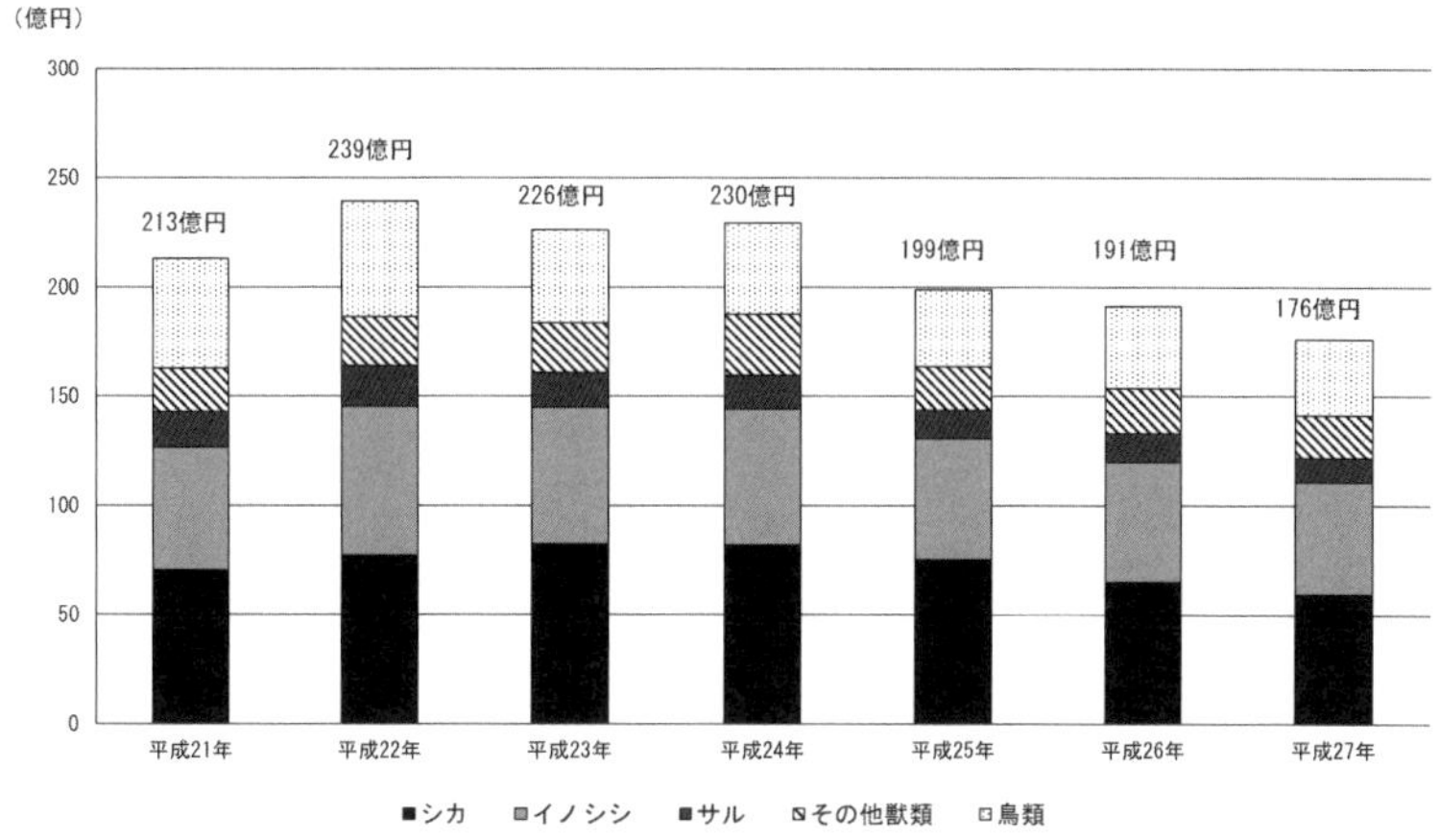

図1　野生鳥獣による農作物被害額の推移（農林水産省[5]をもとに筆者作成）

全国の野生動物被害の状況

野生動物による農作物被害金額は平成27年度では176億円に上る。この被害額は多少の変動が見られながらも、ここ数年170億円台後半から240億円弱までおおよそ200億円前後で推移している（図1）。加害獣種を見てみると、ニホンジカ、イノシシ、ニホンザルによる被害が特に多く、この3獣種による被害が全体の日本における農作物被害の大部分を占めている。例えば平成27年度では、農作物被害額約176億円のうち、ニホンジカが約60億円（42・2%）、イノシシが約51億円（36・3%）、ニホンザルが約10億円（7・7%）であり、これら3獣種で全体の約69%を占めている[5]。

加えて、野生動物による農作物被害は農業者の営農意欲の低下や、それを通じてのさらなる耕作放棄地の増加などといった悪循環を引き起こし、農作物への直接的な被害にとどまらず中山間地域を中心とした農業集落に、目に見える被害額以上の深刻な影響を与えている。

野生動物の生息域は拡大している

農作物被害を引き起こす野生動物の生息域は近年拡大傾向にある。環境省によれば、特に被害の大きいニホンジカ、イノシシの全国の分布面積は、1978（昭和53）年から2014（平成26）年までの36年間で、ニホンジカが約2・5倍、イノシシが約1・7倍に生息域が拡大している（図2、図3）。[2] 野生動物の生息域の拡大によって、農林業被害を受け、対策を迫られる地域も同様に拡大しているということである。

なぜ野生動物の生息域や被害は拡大したのか

ではなぜ、シカやイノシシを中心とした野生動物の生息域やそれに伴う被害は拡大したのだろうか。その原因はひとつではない。様々な要因が合わさったことで、ここ数年の野生動物による生息域や被害の拡大が起こっていると考えられている。ここでは、特に大きな原因と言われているものをご紹介する。

図２　ニホンジカの分布域の拡大（環境省[2]）

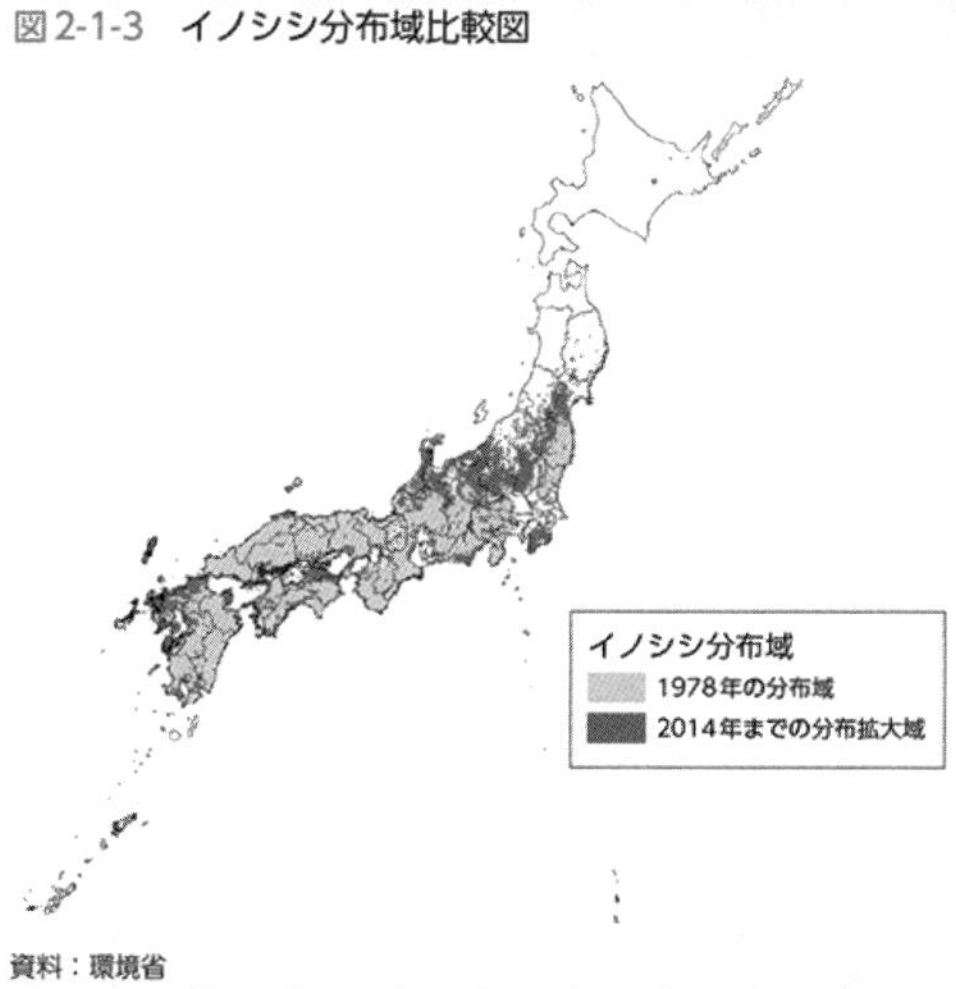

図３　イノシシの分布域の拡大(環境省[2])

①積雪の減少

近年の少雪傾向は、野生動物の生息拡大の大きな要因のひとつと言われている。例えばイノシシを例に見てみると、イノシシは一般に多雪に弱く、30センチ以上の積雪が70日以上続く地域には生息できないとされている。しかし、近年の少雪傾向によってイノシシが冬を越すことができる範囲が拡大したことが、生息の拡大に繋がっていると考えられている。

②里山の衰退

かつて人々は、人里周辺の自然環境を「里山」として生活の中で利用してきた。例えば薪炭のための木材、キノコや山菜などの食料調達などである。野生動物は本来臆病な動物であり、普段は人の気配がする場所には出没しない。人々が里山で活動し、人の気配があることで、野生動物は集落内の農地までは現れなかったのである。里山は、人々の活動範囲と野生動物の活動範囲の「緩衝帯」として機能してきた。

しかしながら、農山村地域でのライフスタイルの変化や人口減少などにより、薪や山菜などを集めたり、山仕事をしたりなど、人が里山で活動する機会が減少した。それにより里山が人と野生動物の「緩衝帯」の役割を果たすことができなくなり、野生動物の生活範囲が集落のすぐ近くまで広がってしまう結果となった。そのため、農地に美味しい餌があることを学習してしまうチャンスが増えてしまったと考えられる。また、耕作放棄地はイノシシにとって、ぬた場として利用したり、身を隠しながら餌を確保する絶好の場所になる。このように、人の住む集落周辺が野生動物にとって過ごしやすい環境となってしまっている。

③狩猟圧の低下

農作物被害額の大きいニホンジカやイノシシは古くから狩猟の対象となってきました。人による狩猟活動は「人は怖いもの」という意識を動物に抱かせ、人の生活圏に侵入しづらくします。このような狩猟による野生鳥獣に対する影響は「狩猟圧」と呼ばれ、野生動物の行動や生息域に影響を与えてきた。しかしながら狩猟者の減少などにより、野生動物を山へ押し返す「狩猟圧」は以前に比べ低下しており、これも野生動物が農地へ出没し農作物への被害を与える原因となっている。

このように、野生動物の生息域の拡大、被害の拡大には、気候的な要因や人的な要因など、様々な要因が影響しており、またそれらの要因は互いに影響し合っているのである。

どのように獣害対策は進められているか

獣害対策の基本的な考え方

先に示したように、動物が出没する背景には、気候の変化、里山環境や人の生活様式の変化など、様々な要因が関わっていて、またそれらは相互に関連している。このように多様な要因により引き起こされる農作物被害を軽減するために、「被害防除」、「個体数管理」、「生息地管理」の3つの対策を総合的に進めていくことが必要だとされている（図4）。それぞれの内容を以下に紹介したい。

①被害防除

特に農地周辺で取り組まれる対策が「被害防除」である。例えば作物残渣を畑に残さない、放任果樹を伐採するなど、人にとっては必要ないものでも動物の餌になってしまうものを農地に置かない対策や、侵入防止柵によって動物が農地に入らないようにする方法などが挙げられる。侵入防止柵はトタンやワイヤーメッシュ、電気柵など様々な種類が開発されている。

②個体数管理

「個体数管理」は、地域個体群の安定的な維持と被害の低減のために、野生動物の個体数、生息密度、分布、群れの構造を適切に管理しようとする手法である。狩猟免許を持つ狩猟者が、銃器やわなによって野生動物を捕獲する。常に個体数の変動などの情報を把握しながら、その結果に合わせて捕獲頭数の計画などの対応を考える「順応的管理」が必要である。

③生息地管理

「生息地管理」農地や集落周辺の環境を整備することによって、動物の出没を減少させることを目的とした対策である。例えば、農地周辺の藪や竹林の刈払い、耕作放棄地の草刈りによって、

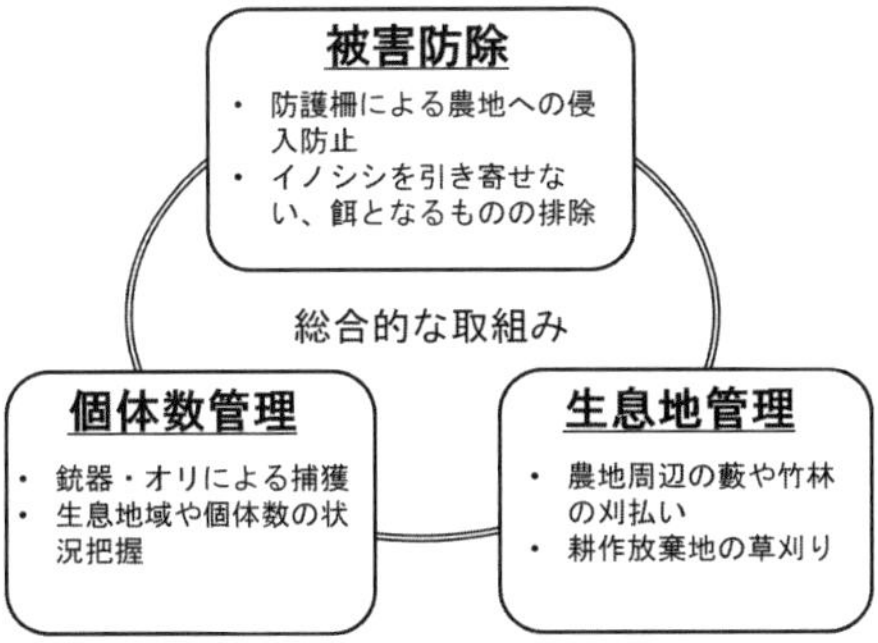

図４　獣害対策の進め方（農林水産省[6]をもとに筆者作成）

動物が隠れられる場所を減らす方法や、農地と山林の間を一部皆伐して緩衝帯（バッファゾーン）を整備する方法などが挙げられる。

このうち、特に農地を中心とした生産現場において行われるのは「被害防除」の取組みであり、行政による支援も行われている。全国的には、特に被害発生集落の農地全体を囲う侵入防止柵の設置、電気柵の設置が進めれており、適切な設置、管理がされれば、被害防止の効果が現れている。

対策における課題

野生動物による被害の軽減に向けて、総合的な対策の考え方のもと、様々な対策がとられていくわけであるが、実際の現場では、実施における多くの課題が存在する。ここではそのほんの一部であるが、獣害対策の実施における課題点について、統計データや筆者の研究内容をもとに紹介したい。

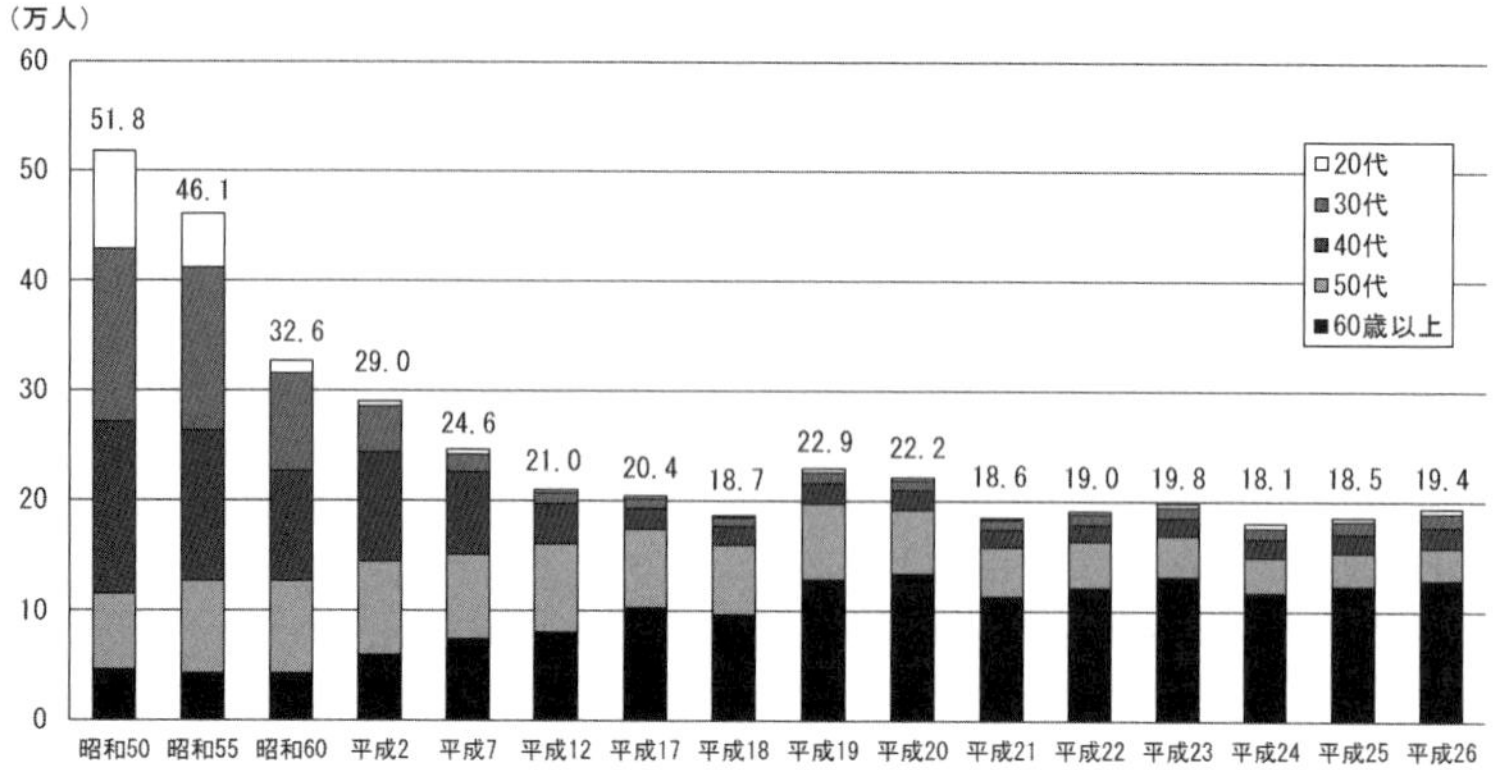

図５　全国における狩猟免許所持者（年齢別）の推移（環境省[3]をもとに筆者作成）

（1）狩猟者の減少と構造の変化

獣害対策における個体数調整の役割を担うのが狩猟者である。先に述べたように、野生動物の生息域や被害が拡大した原因のひとつとして狩猟圧の低下があると言われている。そこには狩猟者自体の減少と、狩猟者の構造の変化があると考えられる。

まず、狩猟者の減少について見てみよう。図５は全国の狩猟免許所持者数の推移を示したデータである。昭和50年には約52万人いた狩猟免許所持者は、平成26年には約19万人にまで減少している。平成12年あたりから以降、約20万人程度で免許所持者数は大きく変化はないが、その年齢構成を見てみると特に60歳以上の割合が増加していることがわかる。狩猟者の高齢化が進んでおり、このままの傾向が続けば今後狩猟者の人数は徐々に減少していくことが予想され、ニホンジカやイノシシを捕獲する人材はますます不足することが懸念される。

次に狩猟者をめぐる構造の変化について、図６は全

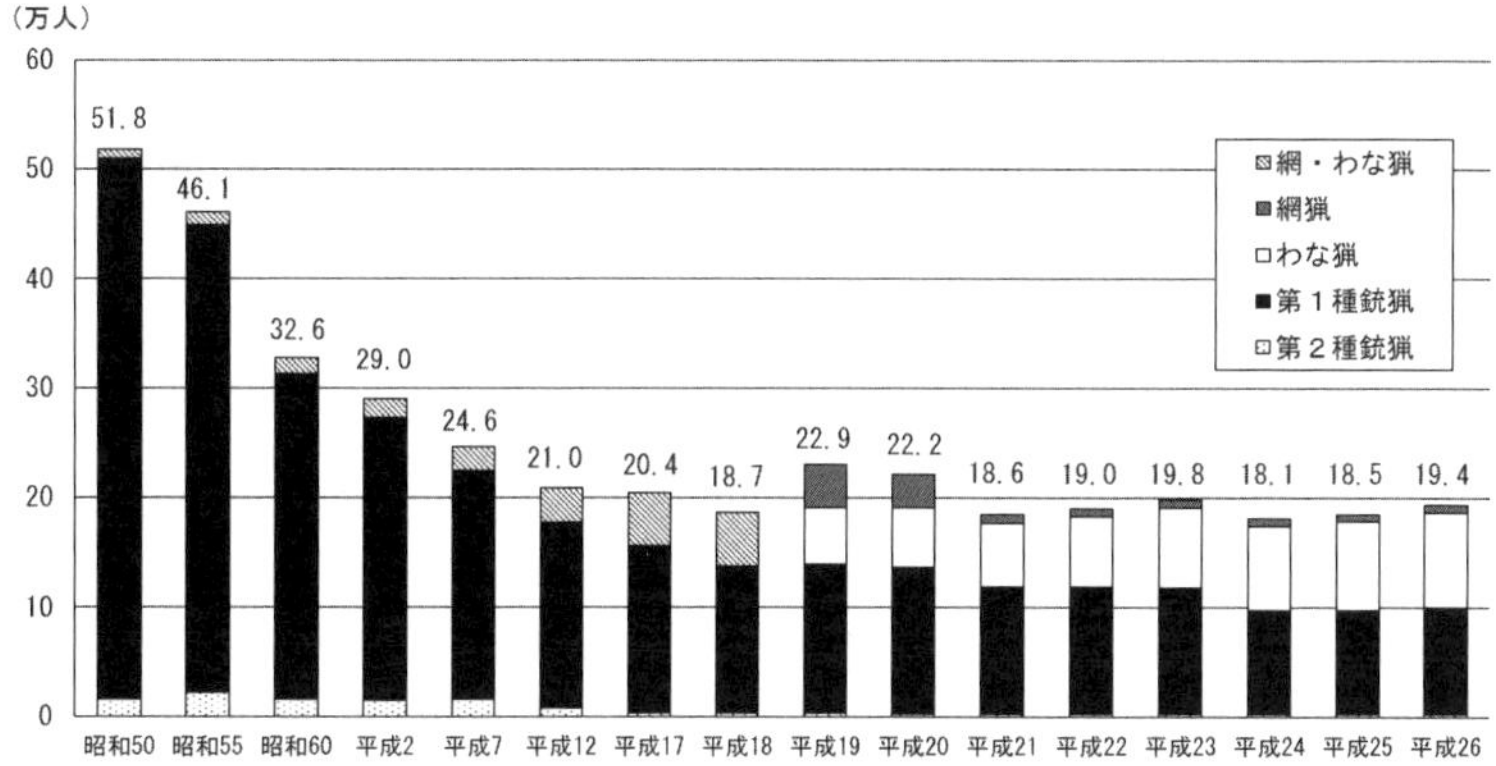

図6　全国における狩猟免許所持者(免許種別)の推移(環境省[3]をもとに筆者作成)

国における狩猟免許取得者数の推移を免許種別で示したデータである。区分が一部変化しているが、基本的に狩猟免許は大きく銃免許とわな免許に分けられる。昭和50年にはほとんどが銃免許だったが、平成26年では半数以上がわな免許となっており、わな免許の取得者の割合が大きく増加していることがわかる。わなによる狩猟は、箱わななどのわなに掛かった個体を捕獲する「待ち」の方法であり、猟銃による狩猟と異なり、野生動物に対して人の存在を「怖い」と思わせることが難しく、獣害対策において重要な「野生動物が農地に近づかないようにする」効果を生みにくいため、狩猟圧が十分に発揮されないことが懸念される。

(2) 対策に関わる行政職員の不足

獣害対策の現場における課題についてもうひとつ、筆者の研究内容[4]とともに紹介したい。それは対策に関わる自治体の職員の不足である。

獣害対策において市町村は、農業者と最も距離の近い行政機関であり、対策を進める上で非常に重要な役割を担っている。例えば、国や都道府県からの補助金や市の対策に関する予算を、どのような対策に配分するかの決定だけでなく、野生動物による被害の状況の収集、各集落での説明会や対策方法に関する指導など、幅広い業務を行っている。このような多岐にわたる獣害対策業務を、役場の職員は十分にこなせているのだろうか。

筆者は２０１３年に、近畿６府県の全１９８市町のうち、野生動物による農作物被害に対して「被害防止計画」を作成している１５３市町村の担当者を対象としたアンケート調査を実施した。そのうち、回答の得られた60市町村（39・２％）を対象に分析を行った。

対象市町村のうち、獣害対策に専務の職員がいたのは11自治体（18・３％）で、多くの市町村が他の業務との兼務により獣害対策に取り組んでいた。さらに、獣害対策に必要な業務内容に対して、職員の数が「かなり不足している」、「少し不足している」と回答した市町村は45（75・０％）で、十分な職員が確保できていない市町村が多く存在していた（図7）。さらに、獣害対策に関わる種々の業務内容について、それぞれ人員が不足しているかどうかの回答を見てみると、「野生動物の生息域や生息数の情報収集」、「被害状況の情報収集」、「集落における対策の指導」では６割以上の市町村が「よく当てはまる」、「非常によく当てはまる」と答えていた（図8）。市町村の行政機関では人員不足により、対策の計画のための情報収集や、実際の対策を進める上で

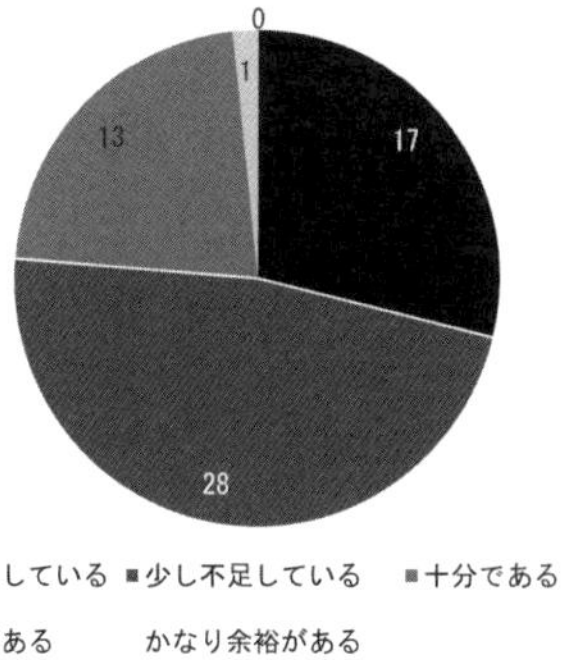

図７　獣害対策業務にあたる職員の人数は十分か

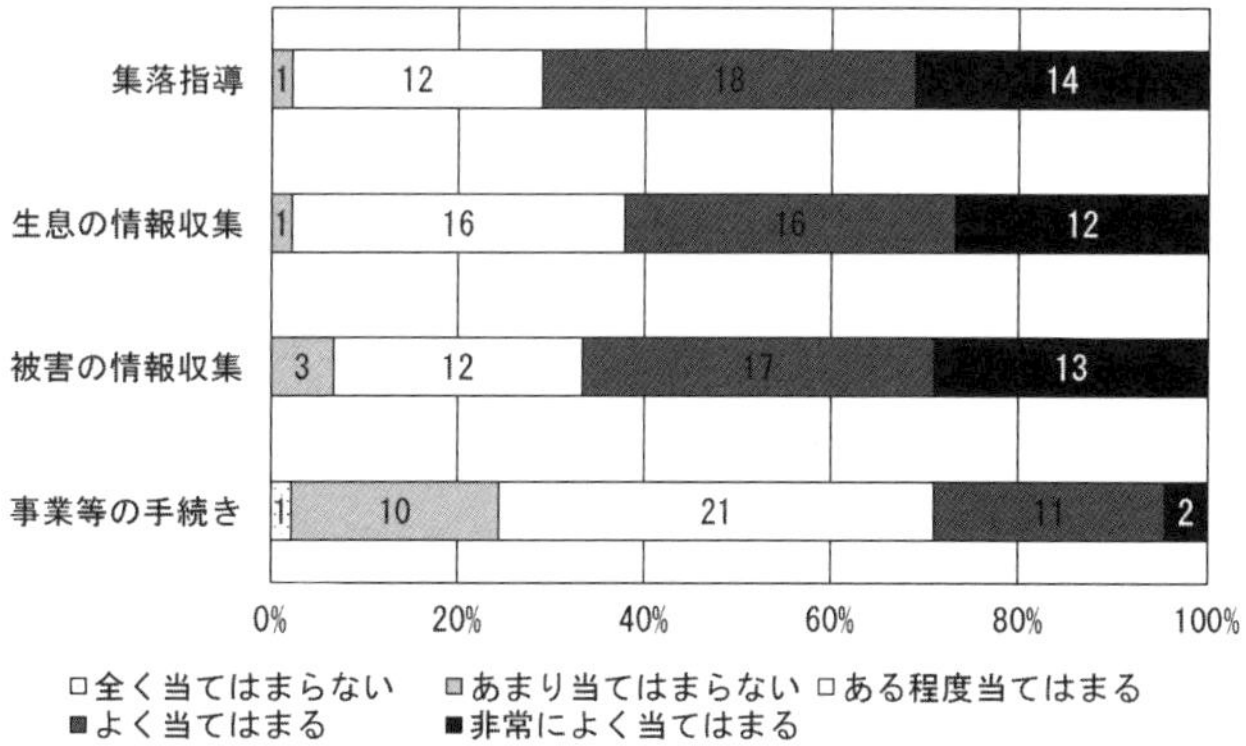

図８　人員が不足している業務内容

の集落での指導ともに十分に行えていないという現状があることがうかがえるのである。

深刻化する獣害への対策に関して、どのような考え方で進めればいいのかという意識は共有されてきており、また具体的な対策の手法についても日々開発が進んでいる。しかしながら、農家だけでなく、行政機関や狩猟者など様々な関係者が関わる必要のある獣害対策の実際の現場では、対策がスムーズに進まない様々な課題が存在するのである。ここで紹介した2点はそのうちのほんの一部である。より効率的に対策を進めていくためには、これらの問題点を解決していくこともまた重要だろう。

2　縮小する生産現場での獣害——石川県能登地方の事例から

ここまで獣害やその対策における全国的な状況について見てきたが、実際の農業の生産現場ではどのような状況になっているのだろうか。本節では2016年から筆者が実際に暮らす石川県能登地方の珠洲市を事例とし、自ら経験した内容を踏まえながら紹介したい。現場で活動する個々人を見てみると、全国的な統計情報だけでは捉えられない、そこに暮らす人々の思いが見えてくる。

図9　石川県珠洲市の位置

石川県珠洲市での獣害の広がりと対策

石川県珠《す》洲《ず》市は能登半島の先端に位置し（図9）、人口は約1・5万人、市（町村を含まない）としては本州で最も人口の少ない自治体である。昭和25年の約3万8000人をピークに人口は減少傾向にあり、2030年には人口が1万人を下回ると予想されている。市内に高校は1つ、大学はないため、多くの若者が一度地元を離れることになる。市の人口ピラミッドを見ると、20代がごっそり抜け落ちている。

能登地方は「キリコ祭り」と呼ばれる祭りが各地域で行われている。「盆には帰省しなくても、地元の祭りの時は戻ってくる」というほど地域の誇りとして定着しており、夏から秋にかけて市内約200の地区でキリコ祭りが行われ活気に溢れる。

また、野生動物にもたくさん出会うことができる。道沿いでキツネ、キジ、タヌキなどによく出くわす。冬になればコハクチョウが飛来し、稲刈りの終わった農地に賑やかな鳴き声が響く。里山の生物層の豊かさを感じることができる。

その一方で、珠洲市ではイノシシによる農作物被害が近年拡大した。石川県のイノシシは昭和初期の時点ではほとんどいなかったとされており、獣害被害はほとんどなかった。その後1990年代頃から、県内の南方から徐々にイノシシ、シカの生息域が拡大し始めた。2006年頃には能登地方でも生息が確認され、現在は能登半島の先端の珠洲市にまで生息域が拡大している。それに伴ってイノシシによる農作物への被害も発生するようになり、珠洲市では平成22年頃から被害が記録されている（図10、図11）。

珠洲市でのイノシシ被害対策は平成23年度から開始された。珠洲市ではイノシシ被害への対策として、これまでの全国での対策事例を参考にしながら特に農地での電気柵の設置に力を入れてきた。被害の大きい地域から順に、市の獣害担当者が集落住民と共に被害状況を確認した上で整備を進めてきた。費用は国からの補助と一部市が負担している。平成28年までに、約140の集落のうち38の集落で導入を行っており、延長合計10万4600mの電気柵が設置された。また、市独自の対策として、集落単位での被害防止柵の設置に至らない地域の個人を対象とした侵入防止柵設置への補助も行っている。

市の担当者は「獣害対策について情報収集を進めながら様々な手法を検討したが、集落住民が

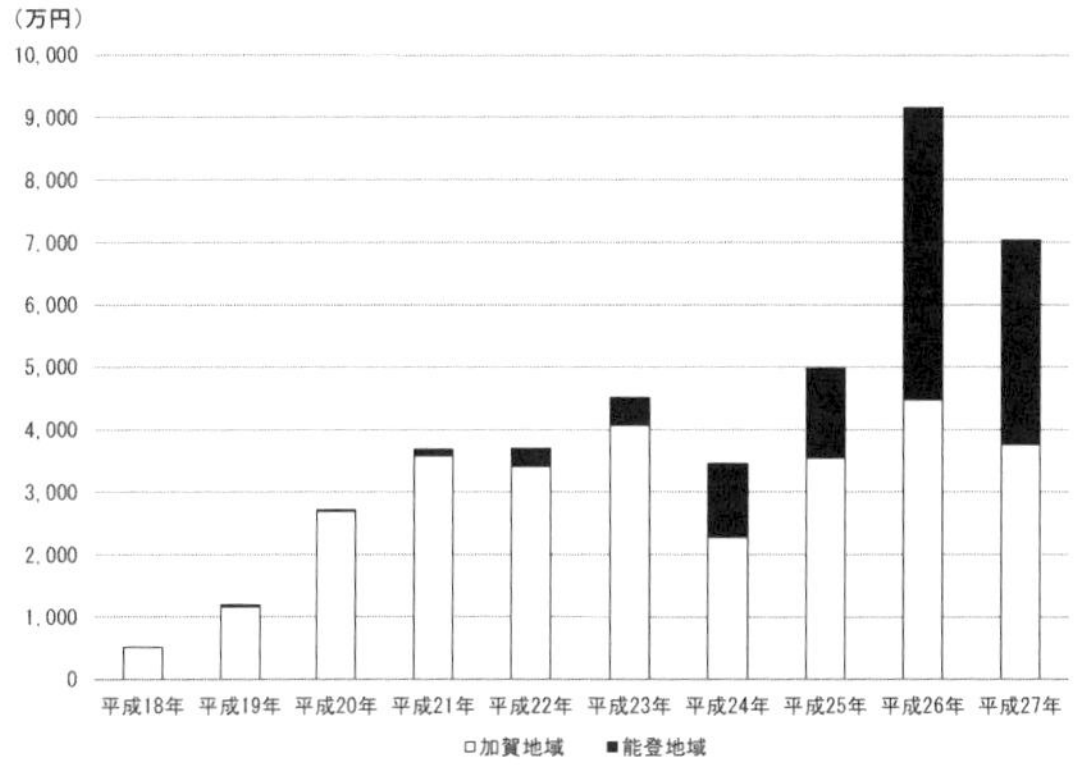

図10　石川県におけるイノシシによる農業被害額の推移（石川県[4]をもとに筆者作成）

図11　昼間に現れたイノシシ（珠洲市，筆者撮影）

一体となった電気柵の設置に最も手応えを感じている」と語っており、対策を行った集落では被害の報告はほとんどないとのことである。被害額は平成26年までは増加傾向だったが、平成27年は減少に転じた。担当者は集落被害防止柵の設置が進んだことが大きな要因であると評価しており、全国の先進地域での対策を参考にしながら効果的に対策が進められているといえる。

生産現場の実際

実際に農地での電気柵を設置した何人かの農家の方の話を伺う機会を持つことができたので、その事例を紹介したい。

①A氏（野菜農家）

A氏の農地は少し山を入ったところにあり、ブロッコリーなどの野菜を生産している。数年前からイノシシによる被害が出始め、その対策として2016年から電気柵を設置した（図12）。筆者が話を伺ったのは電気柵を設置した年の10月であったが、電気柵は「効果てきめん」だと笑っていた。さらにわなの狩猟免許を取得し、他の狩猟者にも教わりながら自身の農地の周辺に箱わなを設置していた。話を伺った時点でその年すでに2頭のイノシシを捕獲しており、対策の効果を感じているようだった。「イノシシは山から少しずつ人里に下りてきている」という印象を持っており、「今では人家周辺でも多く捕獲できる」と、市内でのイノシシの行動範囲の広がりや被害の拡大に危機感を抱いていた。

図12　A氏の農地周辺に張られた電気柵（珠洲市，筆者撮影）

電気柵の設置はイノシシの農地への侵入防止に高い効果がある。しかしながら、万全の対策をしていても100％イノシシの侵入を防ぐことはできない。次に示すのは、B氏の事例である。

②B氏（米農家）

B氏は兼業農家のご主人と一緒に田んぼで米を栽培している。実際に農地を見せていただいたのだが、B氏の農地周辺は耕作放棄地が多く、セイタカアワダチソウなど背の高い雑草が生い茂り、イノシシにとっては姿を隠しながら移動しやすいだろうという印象を受けた。B氏の農地は4年前にイノシシによる被害を受けて以来、電気柵を設置し対策を行っていた。

実際に対策の効果はしっかりと出ていたとのことだったが、2017年の9月末、その田んぼの稲の収穫作業をしようと考えていた前日にイノシシの侵入による被害を受けてしまった（図13）。目撃した人の話では、農地の前の道路に出てきていたイノシシがそこを通ったバイク

図13　B氏の農地周辺には多くのイノシシの足跡が見られた（珠洲市，筆者撮影）

との出会い頭でパニックとなり、柵を跳び越えて田んぼに入ってしまったとのことである。電気柵があるため逆に出られなくなったイノシシが稲穂を踏み荒らしてしまったそうだ。その田んぼで収穫した米は販売に回すことができず、自家消費するしかないと肩を落としていた。しっかりと対策をしていたにもかかわらず、一度の不運な出来事によって、年に一度の収穫までの苦労が水の泡になってしまったことに対するやりきれなさ、悔しさで涙を浮かべたB氏のお話は、獣害対策の難しさを実感させられるものだった。

農地での対策の難しさ

事例として紹介した石川県珠洲市では、農地での進入防止柵の整備の効果が上がっていることがうかがえる。しかしながら、実際に被害を受けている現場での対策は非常に大変な作業である。例えば、一度進入防止柵を設置すればずっと効果があるわけではなく、効果を常に発揮するためには、点検や下草刈りなどのメンテナンスなど作業を常に行う必要がある。またB氏の事例のように、しっかりとした対策を施していたとしても、一度でも農地に入られてしまうと大きな被害を受け、それまでの苦労が水の泡になってしまうのである。また、農家の経営規模などによっても対策にかけることのできる労力は異なる。珠洲市の担当者によれば、獣害に対しての住民の危機感は年々高まってきており、特に販売農家は電気柵や捕獲のためのオリの設置に前向きである一方で、農業以外にも収入のある兼業農家の増加が、耕作放棄地の増加を招いているという。兼業農家にとっては、例えば電気柵の下草の刈り取り作業などは大きな負担であり、農業を家計の柱としていないため、獣害対策のためにそこまでの労力がかかるのであれば、耕作をやめるという判断をとることも多い。そして耕作放棄地には草が生い茂り、イノシシが耕作している農地へ接近することを容易にしてしまうのである。

狩猟の現場の実際

珠洲市で捕獲されたイノシシ

現在、珠洲市では狩猟免許の取得者は約110人（2016年現在）で、2016年度には珠洲市では432頭のイノシシが捕獲された。市は個体数調整をより進めるために、狩猟者への支援施策を行っている。例えば国の補助を利用して狩猟免許取得者1人に1基、イノシシの捕獲オリを貸し出している。また、有害鳥獣捕獲報奨金として、市負担でイノシシの捕獲1頭あたり3万円を捕獲者に支払っている。

現在は100名以上の狩猟免許取得者がいるが、もともと能登地方にはイノシシをはじめ、狩猟対象となる大型獣が生息していなかったため、イノシシの被害が出始めた頃には10人ほどしかいなかった。この10人もカモ撃ちの狩猟者であり、イノシシの捕獲経験はほぼなかったと言える。その後の数年で狩猟免許の取得者は増加しているが、その多くが農家であり、被害を受けている自身の農地を守るために狩猟免許を取得したと考えられる。

ハンターとしてイノシシ被害に挑む

珠洲市に住む狩猟者のひとりとして、イノシシの捕獲に取り組む方の事例を紹介したい。

C氏は、里山里海の保全活動を行うNPO法人に勤務しながら、ハンターとしてイノシシの捕獲に取り組んでいる。C氏は故郷である珠洲市でのイノシシ被害の拡大を知り、「地元の里山、農業を守りたい」と平成25年にわなの狩猟免許を取得し、猟師になった。現在、珠洲市内の各地で箱わなを設置し、年間約30頭のイノシシを捕獲してきた（図14）。

しかしながらC氏の話を伺っている中で、狩猟者としての獣害対策の活動への悩みがあることも見えてきた。猟師とは本来、生活のために山の幸《さち》として、自分に必要なぶんだけ、自然から野

図14　箱わなに仕掛けたセンサーカメラに写るイノシシ（C氏提供）

生動物の命を頂くものである。しかしながら、「農業被害を防ぐ」ことが目的となってしまい、必要以上にイノシシを捕獲するという現在の状況に少なからず葛藤も感じているという。「誰かがやらなければならない仕事だが、それでも何か活かせる部分があれば、誰かのためになればと思ってやっているが、合わないと思う部分もある」というC氏の言葉は、獣害対策における個体数管理の役割を狩猟者に頼ってしまっている日本の獣害対策の現状を表しているのかもしれない。

実際、これまでイノシシが生息しておらず、イノシシ猟の文化のなかった珠洲市では、多くの狩猟免許取得者がイノシシを捕獲しても解体するための知識や技術を持たないため、捕獲したイノシシを地面に埋めて処理している人も多いという。C氏は、捕ったイノシシを可能な限り解体し食べることを心がけており、仲間内で分け合ったり、一緒に調理、試食したり、情報共有するグループ活動も行っている。

図15　珠洲市にはニホンザルは生息していないが，時折，他地域から移動してきたはぐれザルが目撃される（珠洲市，筆者撮影）

図16　すずなりの柿が利用されずに残されている（珠洲市，筆者撮影）

新たな危機――サル・シカの生息拡大の可能性

現在、珠洲市をはじめ能登地方では、獣害の発生している大型獣はイノシシのみだが、今後、サルやシカの生息拡大も危惧されている。サルやシカは石川県内の南の加賀地方には生息しており、被害も発生している。実際、珠洲市でも群れからはぐれたサルやシカが目撃されることが時折あり、危機感を持っている住民も多くいる（図15）。

仮に今後シカやサルによる被害が広がるようなことがあった場合、現状のイノシシに対する対策手法では十分に被害を防ぐことができない場面も多く存在する。例えば、現在の珠洲市内を見回してみると、イノシシ対策のための電気柵は高さ50㎝ほどであり、これでは跳躍力のあるシカの農地への侵入を防ぐことはできない。また、集落周辺には冬でも収穫されずに残ったままのカキの実が多く見られるが、これは特にサルにとってエサとなり、人里に野生動物を呼ぶ原因となってしまう（図16）。

そのため、新たにシカ、サルの生息が拡大してきた場合は、侵入防止柵の高さをより高くする、集落内で誰も収穫しないカキやクリなどの放任果樹を取り除く、特にサルに対して集落ぐるみでの群れの追い払いを実施する、などの対策が必要となると考えられる。しかしながら、珠洲市をはじめ高齢化の進む全国の農村地域では、獣害を防ぐための対策は非常に大きな労力、負担となってしまうのである。

3　縮小する生産現場での獣害対策に必要なこと

本章で事例として挙げた珠洲市のように、少子高齢化や人口減少に直面している生産現場では、どのように獣害と向き合い、対策を進めていくことが必要だろうか。

みんなが意識を高め、行動すること

人口が減少し、縮小する農村地域では、農業に関わる一人ひとりの役割が大きくなる。そのような状況の中で獣害対策の効果をより効果的に発揮していくためには、農家だけでなく、住民全員が意識を高め、行動することが重要である。

実際に被害を受けている農業集落で被害対策の効果を高めるためには、集落の全員が一緒になって対策に取り組む「集落ぐるみの対策」によって、動物にとって居心地の悪い環境にすることが重要である。珠洲市でも集落の農地をまとめて電気柵で囲う対策を進めており、実際に効果が出ている。さらに、様々な対策手法の中でどれかひとつの対策だけでなく、複数の対策を組み合わせて行うことが重要である。例えばせっかく電気柵を設置しても、周辺が藪で囲われていると、イノシシが身を隠しながら何度も柵を越えようと挑戦し、いつか突破されてしまうかもしれない。農作物を獣害から守る対策は「マイナスをゼロにもどす作業」であると感じている。農法や肥料の改善などと違い、労力をかけても収穫量が増えたりすることもない。そのため、やりがいを見

図17　C氏の捕獲オリの設置現場を視察する研究者（珠洲市，筆者撮影）

いだすことが難しい作業である。

行政やJAなど様々な関係者も、少しでも楽に、効果的に対策できるよう、研究開発や指導をしている。農家自身も含め、関係者みなが他地域での成功事例などの情報収集をし、対策についての知識を蓄積し実行することが重要である。私のような地域に住む研究者もその一員である。地形や場所によって異なる対策の効果を検証したり、地域住民と共に適切な対策方法を検討するなど、できることは数多くある。様々な人が獣害について考え、意見を出し合うことで、今までなかったようなアイデアが生まれたり、効果的な対策手法を共有することができるだろう（図17）。

獣害対策は野生動物との知恵比べである。近道はないのかもしれないが、様々な関係者が力を合わせて取り組めば、少しずつでもその効果は実感できるはずである。

参考文献

［１］石川県「鳥獣による農作物被害額」http://www.pref.ishikawa.lg.jp/no-an/choujyu/choujyu_higaigaku.html.（２０１８年３月８日閲覧）

［２］環境省「野生動物の保護及び管理　個体数推定」https://www.env.go.jp/nature/choju/capture/capture6.html.（２０１８年３月８日閲覧）

［３］環境省「野生動物の保護及び管理　捕獲数及び被害等の状況等」https://www.env.go.jp/nature/choju/docs/docs4/index.html.（２０１８年３月８日閲覧）

［４］岸岡智也、橋本禅、星野敏、九鬼康彰、清水夏樹（２０１３）「コ・マネジメントからみた野生鳥獣被害対策における基礎自治体の役割と課題――近畿６府県を事例に――」農村計画学会誌、32、２８１～２８６頁

［５］農林水産省「鳥獣害対策コーナー　野生鳥獣による農作物被害状況」http://www.maff.go.jp/j/seisan/tyozyu/higai/index.html.（２０１８年３月８日閲覧）

［６］農林水産省「野生鳥獣被害防止マニュアル―生態と被害防止対策（基礎編）」http://www.maff.go.jp/j/seisan/tyozyu/higai/h_manual/h18_03/index.html.（２０１８年３月８日閲覧）

第四章　縮小する生産の再生——伝統野菜から

中村考志

1　日本の伝統野菜

はじめに

本章では、「縮小する生産の現場」の事例として京都の伝統野菜を中心に取り上げる。過去には縮小の象徴でもあった伝統野菜ではあるが、現在ではその個性を活かした再生の可能性とヒントをそこに見出せる存在になりつつあることを示している。また伝統野菜がもつ個性がゆえに生産の縮小とは直接かかわらないところで栽培が終焉し、日本の野菜の多様性の喪失がおきた事例もあわせて述べる。生命科学的な分析データについては、やや難解に感じるかもしれないが、伝統野菜のもつ可能性を、生命科学の分析データから一般読者にも読み解けるように例を挙げている。

1970年代までの日本では、野菜は近所の八百屋、公設市場で購入していた家庭が多かったのではないだろうか。当時の野菜はそれぞれ独特の風味（味や香りや歯ごたえ）の個性をもっていたように思う。その個性は時には強烈すぎ、食べにくいと感じる野菜も多かった。しかし現在、その風味も日本人の記憶から薄れかけており、往時の強烈な個性を求めても、期待に応えてくれる野菜に市場で出会える機会はほとんどなくなった。ところが、地方に旅して伝統野菜を食べる機会に恵まれると、本来野菜がもつべき風味がそこに投影されていることにおどろき、往時の野菜の個性に郷愁を感じる人もいるかもしれない。

「野菜の個性に郷愁」といえば心情的な感覚で、さして問題はないのではと思われるかもしれないが、往時の野菜の味や香りが現在の野菜に感じられないことは、往時の食生活の中で先人は自然に摂取できていた野菜の成分を、現代人は十分に摂取できていないことを意味する。大きな健康上の課題がそこに内包されている可能性があると著者は考えており、本章では、それを食品三次機能の分析データから解きほどいていく。

野菜などに含まれる食品成分は、栄養素としての食品一次機能成分、味や香りの風味成分としての食品二次機能成分、健康増進が期待される食品三次機能成分に大別される。近年は風味成分の化学構造の決定と健康増進の解明のための研究が進み、食品二次機能成分が食品三次機能成分としてもはたらいていることが報告され、その事例が蓄積されてきた。

食品三次機能成分は、「食品機能性成分」や「ファイトケミカル」という言葉でよく紹介され、その効果は「食品機能性」、または、単に「機能性」と最近ではよく呼称される。野菜に含まれる食品機能性成分は、独特の味や香りの風味をもつことが多い。このことは、「風味の豊かな野菜は風味の乏しい野菜よりも食品機能性成分が豊富である」と言いかえることもできる。往時の野菜に強い風味を感じていたことは、往時の食生活の中で摂取していた野菜の食品機能性成分は、現代の普及種野菜からは十分に摂取することが難しくなっていることを示唆し、地方の伝統野菜に強い風味を感じることは、伝統野菜を食べることで、その不足する成分を補完できる可能性があることを示唆する。

市場の野菜から風味が消えた理由

ではなぜ、独特の風味（あくやえぐみ）は多くの日本の野菜から消えていってしまったのであろうか？　それは日本で流通する普及種野菜に施された品種改良にその一因があると考えられる。現代日本の普及種野菜は、多収性と耐病虫害性の面で品種選抜がすすみ、生産、流通、販売の現場で、高品質で多品目の野菜の安定供給が実現されている好例である。一方、風味の面では消費者嗜好に呼応した、「あくやえぐみ」が少なくて食べ易い野菜が品種選抜により創出されてきた結果、独特の風味は野菜から消えていったのであろう。

普及種野菜の代表的な成分の含有量の時代変遷をみるためには、過去と現在の『日本食品標準成分表』を参照することが簡便である。学校給食等の栄養計算をおこなうときには、栄養士は食材の栄養素の含有量の資料として『日本食品標準成分表』を用いることが一般的である。これは文部科学省の科学技術・学術審議会資源調査分科会が、数年から20年ごとに調査して更新している食品成分に関するデータ集であり、最新版の『日本食品標準成分表2015年版（七訂）』に掲載されている食品数は2191と充実している。野菜に含まれる食品成分の時代変遷例でよく例に取りあげられるビタミン類は、ヒトが食品から摂取しない限り生命を維持することができなくなる、古くから知られた重要な食品機能性成分である。そのひとつであるビタミンCは、この60年の間に、ほうれん草でその含有量が大きく減少していることが、日本食品標準成分表から読み取れる（表1）[5・6・11・12・22]。野菜にはビタミンCのように機能性が明らかで、含有量の測定方法も確立されている成分のほかに、機能性があることはわかっているが、その化学構造も測定方法も未知である成分も多種混在している。それらの総和が、その野菜のもつ食品機能性の全貌である。

ビタミンCなど定量方法が確立している成分の量を測定することは容易であり、ビタミンCの量をモニターしながら野菜の品種選抜をおこなうことは可能であるが、野菜に多種混在する化学構造も測定方法も未知である機能性成分は、その含有量を化学的試験方法によって測定することは不可能である。そのため、今後の品種選抜においては、野菜のもつ食品機能性を失わないために、機能性の大きさをモニターする生物学的試験方法を追加して、健康増進効果が維持された普及種野菜の流通を次世代には求めたい。

表1　ホウレンソウのビタミンCの時代変遷 [5・6・11・12・22]

日本食品標準成分表発行年	ビタミンC（100 g あたり）
昭和 29 年（1954 改訂版）	160 mg
昭和 38 年（1963 三訂版）	100 mg
昭和 57 年（1982 四訂版）	65 mg
平成 12 年（2005 五訂増補版）	35 mg（夏どり 20 mg，冬どり 60 mg）
平成 27 年（2015 七訂版）	35 mg（夏どり 20 mg，冬どり 60 mg）

日本の伝統野菜

日本には消費者志向の変化や一時的なはやりを取り込んだ人為的な品種選抜をこれまでに受けずに種子が維持されてきた野菜があり、そのひとつが伝統野菜である。伝統野菜は一般的には比較的狭い地域で生産されるため、生産量は少なく、その近郊で消費されることが多いため、全国流通はしていない。伝統野菜は、生産地の名前を冠して表されていることが多く、やまがた伝統野菜、会津伝統野菜、加賀野菜、江戸東京野菜、京の伝統野菜、ひご野菜などがその例である。

伝統野菜においては、普及種野菜にはない強い個性の風味の中に、健康増進に寄与する成分の存在が期待される。しかし、それらの成分の化学構造がすべて明らかになり、その野菜のもつ食品機能性の全貌が近い将来に判明するのかどうかは予測できない。そのため、現在流通している風味の弱い普及種野菜を強い風味を備えた「昔の野菜」のレベルに転換していくことや、品種選抜の対象とならずに強い風味の個性が守られてきた伝統野菜を普及させていくことが、現代の日本人の健康増進のための、最も簡単で即効性のある方法であるのかもしれない[16]。

京野菜、京の伝統野菜、京のブランド産品

一方、自治体の戦略として伝統野菜の消費地を生産地近郊だけにとどめず、全国流通による需要の拡大が図られた野菜もある。伝統野菜として近年全国流通量が飛躍的に伸びた一例が、京都伝統の京野菜である。京野菜の定義は様々で統一されてはいない。このため、京都府は1988年に「京の伝統野菜」という用語を新たに作り、この定義を「文献等で江戸時代終焉前までに栽培されていた記録があり、京都府内で生産されているもの、タケノコと絶滅した品目は含み、キノコ類とシダ類は除く」とし、これまでに37品目を認定している。

学名による分類では、門－綱－目－科－属－種ごとに形の似た仲間同士を分ける方法があり、同じ科名よりも同じ属名がついている野菜同士の方がより近い仲間であることがわかるようになっている。このような分類では、京の伝統野菜は、アブラナ科に属している品目が最も多く、19品目もある（表2）。その内わけは*Brassica*属11品目の蕪類と菜類、*Raphanus*属8品目の大根類が多い。アブラナ科の植物は花びらが十字架のように見えることから十字花科とも呼ばれ、白菜、キャベツ、ブロッコリー、カリフラワーもアブラナ科野菜としてよく知られている。意外な品目では、わさびもアブラナ科の野菜のひとつであるが、確かにわさびの花を見ると十字花であることがよくわかる。またアブラナ科には突然変異により自然に新たな品目が生まれた例もあり、キャベツの突然変異でブロッコリーが生まれ、ブロッコリーがアルビノ変異（色素を失い白色となる突然変異）をおこしてカリフラワーが生まれた。突然変異により多様な品目が存在するのもアブ

表2　京の伝統野菜37品目の学名

属名	種名	品目数	品目名
Brassica	***rapa***	8	舞鶴蕪，松ヶ崎うきな蕪，大内蕪，佐波賀《さばか》蕪，聖護院蕪[b]，酸茎《すぐき》菜，東寺蕪[a]，鶯《うぐいす》菜
	juncea	3	畑菜，壬生《みぶ》菜[b]，水菜[b]
Raphanus	***sativus***	8	青味大根，辛み大根，郡《こおり》大根[a]，茎大根，桃山大根，佐波賀《さばか》大根，聖護院大根[b]，時無大根
Solanum	***melongena***	3	賀茂なす[b]，京山科なす[b]，もぎなす
Capsicum	***annuum***	2	伏見とうがらし[b]，田中とうがらし
Allium	***fistulosum***	1	九条ねぎ[b]
Aralia	***cordata***	1	京うど
Arctium	***lappa***	1	堀川ごぼう[b]
Brasenia	***schreberi***	1	じゅんさい
Colocasia	***esculenta***	1	えびいも[b]
Cucumis	***melo***	1	桂うり
	sativus	1	聖護院きゅうり
Cucurbita	***moschata***	1	鹿ヶ谷かぼちゃ[b]
Oenanthe	***javanica***	1	京水せり
Phyllostachys	***heterocycla***	1	京たけのこ[b]
Sagittaria	***trifolia***	1	くわい[b]
Vigna	***unguiculata***	1	柊野《ひらぎの》ささげ
Zingiber	***mioga***	1	京みょうが

a：絶滅した2品目，b：京のブランド産品

ラナ科野菜のひとつの特徴である。アブラナ科に次いで品目数が多いのがナス科であり、5品目存在する。ナス科の野菜には、なす、ピーマン、トマト、とうがらしがよく知られているほか、地下部を食べるため意外と思われる品目のじゃがいももナス科である。ナス科の京の伝統野菜は、*Solanum*属のなす類3品目と*Capsicum*属のとうがらし類2品目がある。このように京の伝統野菜はアブラナ科とナス科で65%が占められており、これらの野菜

が京野菜を代表するイメージのひとつともなっている。

さて、京都府は1989年には「京のブランド産品」という用語も新たに作り、この定義を「京都のイメージをもち、高品質が保証され、全国流通に十分な生産量が確保できるもの」とした。京の伝統野菜の定義からはわずかに外れるが、京野菜としてのイメージをもつ金時にんじん、花菜、万願寺とうがらしがこれに含まれている。この「京のブランド産品」の施策により、京野菜の認知度は高まり、消費の全国拡大を通した生産量の増加を実現した（図1）。

さて、生産拡大を実現した京のブランド産品とは対照的に、生産が縮小している「京の伝統野菜」もある。これらの中にはすでに栽培農家が1戸にまで減少し、後継者もなく、次世代には栽培が終焉する可能性の高い野菜が複数ある。実際、京の伝統野菜37品目のうち、郡大根《こおり》と東寺《とうじ》蕪《かぶ》はすでに栽培は終焉し、種子の残存も確認されていないことから、絶滅と判断されており、現存する京の伝統野菜は35品目となっている。

絶滅した伝統野菜（郡大根と東寺蕪）

前項で述べたように、京野菜の中には絶滅してしまったものがあり、ここではまずその二つの特徴を取り上げ、絶滅に至る経緯をみていく。郡大根は京都市右京区西京極郡町《にしきょうごくごおりちょう》で栽培され、直径2cmの根が不規則ならせん状に伸長するユニークな形態を示すことから、正月の雑煮や吸い物に輪切りとして用いられていた。[25] また、根の断面が菊の御紋のように見えたことから、皇室行

図１　京のブランド産品の一例
パンフレット「京のブランド産品」より抜粋（公益社団法人 京のふるさと産品協会）

事の際の御所への献上品としての用途もあったが、東京遷都以降その栽培需要は低下していき、１９４０年代に絶滅したとされている。京都府立大学は郡大根のホルマリン漬け標本を所有しているが、現在、ここからＤＮＡを抽出し、郡大根の遺伝子を解読する研究もおこなわれている。[8] 現存する京の伝統野菜のひとつである青味大根（表２）は、直線状に伸長する根をもつが、その他の形態は郡大根と類似している。郡大根と青味大根の遺伝子の違いがわかれば、郡大根の根がらせん状に伸長する理由を解明する手掛かりとなり、青味大根にその形質を発現させることが可能になれば、郡大根と似た新品種の大根を現代によみがえらせることができるかもしれない。

東寺蕪は、根部が扁平型で緻密な肉質をもち、その上部が緑色がかった特徴をもち、滋賀県の近江蕪が先祖とされている。近江蕪は京都の冬の漬物の代表のひとつである千枚漬けの材料とされ、扁平型の東寺蕪も同じ大きさにスライスできる千枚漬けの用途としての利点もあり、同様の使われ方をしてきた。しかし、根部の大部分が白色の聖護院蕪に千枚漬けの材料が移行していったことを理由のひとつとして、１９７０年代中頃から１９８０年代前半にかけて絶滅したとされている。

京の伝統野菜37品目中、郡大根と東寺蕪の2品目がすでに絶滅していることからも、日本の農資源の多様性を将来にわたって維持していく上では、現在、栽培終焉が危惧されている伝統野菜から優先的に保護することは必至である。また、現代の時代背景に適した利用方法を考案するなど、その手立てを考えて実践することも研究課題として重要視されていくべきであるかもしれない。

栽培終焉危惧の伝統野菜を保護する手立て

日本の農資源の中で、野菜はその重要因子である食品機能性成分を含有していることに注目すると、普及種野菜がもたない食品機能性成分を伝統野菜がもつことがわかれば、その伝統野菜の存在意義はより大きいものとなる。筆者らはこの点に注目して、まず伝統野菜とそれに対応する普及種野菜の食品機能性を比較し、高い機能性をもつ伝統野菜から機能性成分を精製して化学構造を明らかにする食品科学的研究を1996年から始めた。さらに、伝統野菜の機能性成分の含有量が普及種野菜よりも多いことを証明することで、伝統野菜の存在意義を見いだすことを目標とした。また、野菜の機能性は、がん予防、糖尿病予防、心疾患予防、脳血管疾患予防、腸内環境改善作用、抗酸化作用、脂質代謝改善作用、免疫賦活作用、抗炎症作用、認知症予防、抗菌作用等、様々であるが、がんが日本人の死亡原因の第一位で、日本で患者数が100万人いると推測されているため、「がん予防」に主眼を置いた。[7] 機能性を活用した伝統野菜の消費拡大による保護を念頭におくと、その野菜の恩恵を受けることができ、かつ利用したいと考えてもらえる人口が多いことが重要である。

2　伝統野菜の現在――京都の大根

伝統野菜の現状と持続的生産

第2節では伝統野菜として、京の伝統野菜37品目中に8品目を占める京都の伝統的な大根を一例に挙げて話を進めていく。京都の伝統的な大根は大根おろしで食べると口内にヒリヒリと広がる特有の辛みがある。これは伝統野菜のもつ個性であり、付加価値と考えてもよい。なぜなら、この辛みはMTBITCと呼ばれる成分であり、筆者らの研究グループによって、がん予防効果が期待される食品三次機能成分であることが近年になってわかり、普及種の青首大根よりも京都の伝統的な大根に多く含まれていることもわかってきたためである。一方、京の伝統野菜の中でMTBITCを多く含む上位3品種のからみ大根、桃山大根、佐波賀大根は、いずれも栽培農家が10戸未満の栽培希少種となっている。日本の伝統野菜の食品機能性の面での優位性を明らかにし、その結果を公表する社会還元は、これまでの食品科学に携わる科学者もおこなってきた。これは、日本人の健康増進を目標とする活動の一歩であり、伝統野菜の認知にも貢献している。科学者が、伝統野菜の食品機能性を活かした需要の創出方法を考案し、伝統野菜の持続的生産を可能とする活動にまで携わることではじめて、研究結果がほんとうの意味での成果となって社会貢献につながっていくのかもしれない。

普及種野菜と伝統野菜におけるMTBITCの品種間差

現代の日本における大根の普及種は青首大根である。圃場で生育するときに根部が地上に露出している部分にクロロフィルが蓄積され、青緑色を呈することがこの名前の由来である。京都には京大根と呼ばれる伝統的な大根が栽培されており、形態的にユニークな特徴をもつ品種も存在する。そばの薬味としてそえられるからみ大根、沢庵漬けの材料の用途としての歴史をもつ桃山大根、野生の浜大根と類似のひげ根が多い形態をもち、晩生系で4月頃まで収穫できる佐波賀大根、冬の煮炊きものの代表的品種である聖護院大根など、用途にあわせて多様な大根が、京都では古くから利用されてきた（図2）。

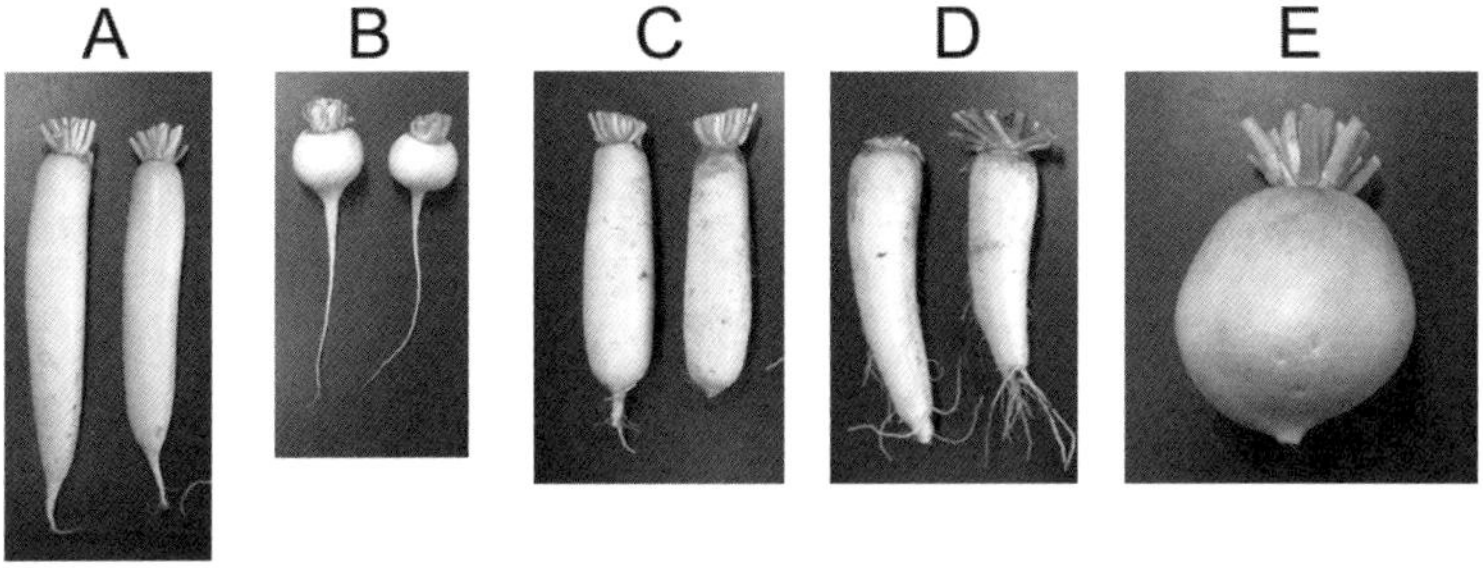

図2　普及種大根（青首大根）と京都の伝統的な大根
A：青首（普及種），B：からみ，C：桃山，D：佐波賀，E：聖護院

表3　辛みの強さとMTBITC含有量の大根品種間比較

品種	辛み	MTBITC (μmol/100 g)	分類
からみ	強	421　(11.5)	京の伝統野菜
桃山	↓	276　(7.5)	京の伝統野菜
佐波賀	↓	227　(6.2)	京の伝統野菜
聖護院	↓	73.4　(2.0)	京の伝統野菜
青首	弱	36.7　(1.0)	普及種

（　）内はMTBITC含有量の大根品種間比較（青首大根を1.0としている）

普及種の青首大根とこれらの京大根とを、同時期に同一圃場で栽培して、それぞれを大根おろしにしたときのMTBITCの量について定量した結果からは、いずれの京大根も青首大根よりMTBITC量が多いことがわかっている[17]。京大根のMTBITC量が青首大根の2・0〜11・5倍もあることには、伝統品種の高い健康増進の機能性に大きな期待を覚えた（表3）。青首大根の11・5倍のMTBITCをもつからみ大根と7・5倍の桃山大根の大根おろしは、口に入れたとたんに強烈なヒリヒリとした辛みを感じ、量を多く摂取することには向かない。

一方、青首大根と同じ程度の辛みと感じる聖護院大根のMTBITCが青首大根の2倍もあることから、人が大根の辛みを感じる味覚の程度とMTBITC量は完全な正比例の関係ではないことがわかる。味覚には若干のずれがあるようである。これは青首大根の6・2倍のMTBITCをもつ佐波賀大根には強い辛みは感じるが、大根おろしで多くの量を摂取することも可能であることとも符合する。MTBITCを無理なく多く摂取しようと考えたときには、佐波賀大根は最も適した京都の伝統大根であるかもしれない。佐波賀大根を大根おろしで食べた人の中には、往時の辛みの強かった大根の個性に郷愁を感じる人もいるかもしれない。

栽培終焉していた佐波賀大根

佐波賀大根は、舞鶴市佐波賀地区で江戸時代から栽培の記録があり、最盛期の1940年代から1960年代にかけては0・5km²の栽培面積で1300tの生産量があった[13]。最盛期に作成されたポスターからは、舞鶴市の特産品であったことがうかがえる（図3）。しかし、栽培期間150日を必要とする佐波賀大根は、90日で栽培できる青首大根の全国的な普及により、生産は急激に縮小した。1960年代後半には京都府舞鶴市で農産物としての商業的出荷が途絶え、その後40〜50年にわたり絶滅の危機にあった。この栽培終焉までの経緯は、千枚漬けの材料が東寺蕪から聖護院蕪に移行したこととよく似ている。一方、東寺蕪の状況と異なっていたことは、佐波賀大根栽培の主導的立場にあった当時の組合長を曾祖父にもつ農家の一人が復活の主導者（キ

図３　佐波賀大根の最盛期に作成されたポスター（1948〜1951）
舞鶴販売農業食協同組合連合会は 1948 年８月から 1951 年４月に存在した。

ーパーソン）となり、２０１０年に商業的栽培復活へ向けての試験栽培を１００m^2の面積で開始したことである。このとき京の伝統野菜の種子を維持管理している京都府農林水産技術センター（京都府亀岡市）から佐波賀大根の種子が提供された。この種子は、１９７４年から京都府の施策で始まった、消えゆく京野菜の種子を絶滅前に保存する施策の一環として収集されたもののひとつであった。１９８８年に京都府が「京の伝統野菜」を定義する14年も前から京都府下の伝統野菜の種子保存が実直に進められていたのである。京都府職員の先見の明と実行力に敬意を表すべきであろう。

佐波賀大根の栽培終焉からの復活

佐波賀大根は、２０１０年に１００m^2の試験栽培に成功し、２０１１年には京都府農林水産技術センター職員の栽培指導を受けて、その栽培面積を８００m^2に広げた。その後は順調に栽培面積が広がり、２０１６年には７３００m^2にまで至っている。この佐波賀大根復活を主導したキーパーソンの復活への想いを生み出した動機のひとつが、佐波賀大根の発がん抑制効果を報道した２００４年の新聞記事であったことが、のちの聞き取り調査で明らかになっている。[13,19] これは、「伝統野菜の生命科学的な分析データを、その生産者が利用すれば、生産の拡大の潜在性という将来への波及効果を生み出すことがある」という好例であると考えられる。佐波賀大根の復活が実現した要因は３つあり、１つ目は佐波賀大根復活への生産者の想い、２つ目は舞鶴市と京都府の伝統野菜の保護施策、３つ目は地域特産野菜を流通販売する業者の意欲が挙げられているが、３つの要因が時間軸上で幸運にも一致したことも４つ目の要因として挙げられている。[13] 実際、生産者に伝統野菜復活の想いが生じたとしても、その需要が見込めなければ伝統野菜の持続的生産は実現せず、次世代に継承される農資源とはなりえない。伝統野菜の食品機能性が消費者の購買意欲をうながすとすれば、それは新たな需要の創出も意味し、その需要によって生産者、流通販売実需者に利益が還元されれば、伝統野菜を使った六次産業化への発展の機会も生じ、縮小する伝統野菜の生産が拡大に向かっていくことになるかもしれない。ただ、伝統野菜の復活のために、過去の成功事例から学ぶことは多い一方、１つの成功事例がそのまま他の伝統野菜にも適用できることは少なく、それぞれの伝統野菜の歴史的背景に最適化させた個別の対応が必要であると考える。

図4　佐波賀大根のメニュー（しずくや：現 Soup & Smile）
左：大根おろしトッピング，右：きざみ葉トッピング

佐波賀大根復活のための市民活動

佐波賀大根の需要創出には、消費者に佐波賀大根の認知をうながすことが必要であり、「NPO法人食と農の研究所」の取り組みのひとつとして2012年から始められていた。その当時は佐波賀大根の生産農家は京都府舞鶴市佐波賀地区の一戸のみであったが、おいしい伝統大根のメニューを開発して広報する活動が、絶滅危惧からの復活のストーリーもあわせて実施されていた。[13] 佐波賀大根は和風だしと酒かす等の調味料で煮込んだ後にミキサーにかけてスープとする、新たなメニューとして提供された（図4）。このスープは、NPO法人食と農の研究所の3つのアンテナショップのひとつである、京都市中京区の錦市場の「しずくや」で2012年から販売を開始した。またこのメニューは舞鶴市が開設した農業公園の「舞鶴ふるるファーム」のレストランにも提供されたことで、佐波賀大根の生産地でのPR活動にも活用されている。しずくやは、2017年からは京都市上京

区で100年近くの歴史のある出町桝形商店街近くに「Soup & Smile」と店名変更して佐波賀大根スープの提供活動を継続している。[23]

さて、佐波賀大根スープを提供するときには、佐波賀大根のおろしがトッピングされる。大根おろしの中には発がん抑制効果が期待されるMTBITCがスープの中よりも豊富にある。これは大根の辛み成分そのものであり、青首大根の6倍も含まれるという伝統野菜の食品機能性の優位性もあわせて情報提供することで、消費者へ佐波賀大根を印象付けている。

佐波賀大根復活のための自治体の活動

2013年9月、京都府農林水産部は流通・ブランド戦略課内に、京野菜の機能性成分の研究と加工品の開発を支援し、京野菜の普及につなげる「京野菜機能性活用推進連絡会」を設立した。現在は、「京野菜機能性net事務局」と名称を変更して、ウェブページで京野菜の機能性の研究成果を公表し始めている。[9] 2013年12月には、公益社団法人京のふるさと産品協会が、パンフレット『美味しい京野菜が食べられるお店』を発行し、佐波賀大根を、「「懐かしい味」と「機能性成分」で注目!」と題し、その歴史的背景とともに情報を発信している(図5)。京のふるさと産品協会はまた、2014年1月には、東京都文京区で「京野菜フォーラム」を開催した(図6)。2013年12月の「和食」のユネスコ無形文化遺産登録の直近の開催であり、パネルディスカッションでは、フードコラムニスト、料理人、大学教員によって、京野菜の歴史、魅力、機

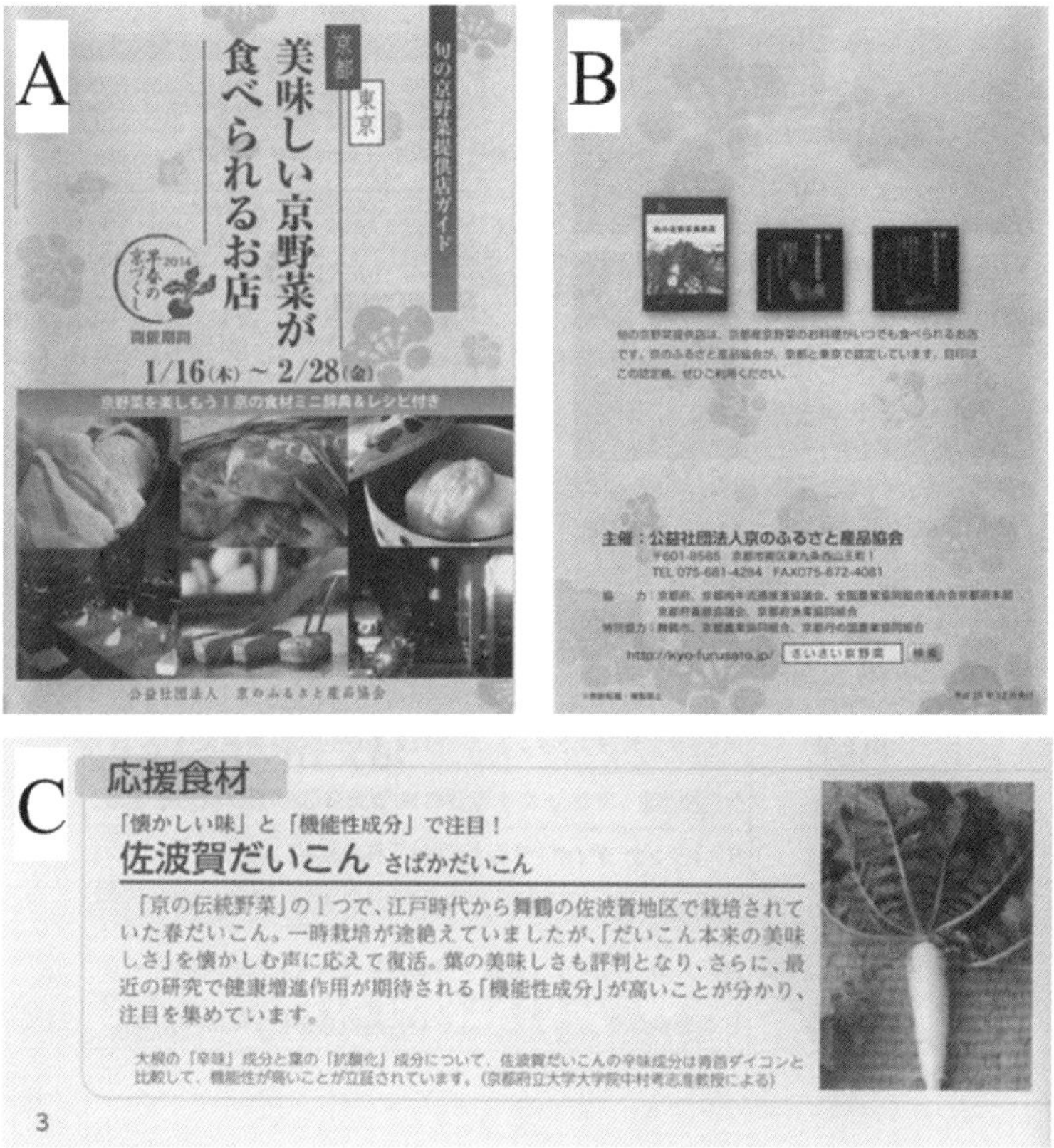

図５　パンフレット『美味しい京野菜が食べられるお店』
A：表紙，B：裏表紙，C：佐波賀大根の紹介ページの抜粋

図６　京野菜フォーラム開催ポスター
（2014年１月22日, 公益社団法人京のふるさと産品協会が主催, 東京都文京区）

能性について討論がおこなわれた。このとき、会に先立ち、京野菜の桂うりのウェルカムドリンクと、佐波賀大根と聖護院大根の食べ比べの一品が参加者に提供された。

２０１５年４月には京都府の研究機関である農林水産技術センターの部署のひとつの農林センターの園芸部内に、はじめて機能性野菜研究担当部署が置かれ、京の伝統野菜の食品機能性の研究が始められ、成果が公表されている。この部署では、一般野菜と京野菜の

図7　パンフレット「京野菜の抗酸化性」
（2017年3月，京野菜機能性net事務局発行）

抗酸化性の比較を研究テーマのひとつとしており、抗酸化性を数値（ORAC）として明らかとした成果は、一般向けのパンフレットとして2017年3月に公表されている（図7）[10]。その成果のひとつとして、大根の葉部は根部と比較して抗酸化性が高いことを明らかにしている。

一般に、大根の葉部は風味の劣化が早く、おいしく食べるためには工夫が必要であるが、佐波賀大根は、葉部がおいしく食べられることも特長のひとつであり、スープのトッピングにきざんだ葉も用いられている（図4）。

一方、京都府舞鶴市においても、佐波賀大根を普及させていく取組みが活発化している。2015年2月には舞鶴市が主催して、「佐波賀だいこんを深く知るセミナー」で、生産者、自治体、研究者、実需者の立場からのセミナーが開催され、佐波賀大根スープと漬物の試食会とともに、地元の伝統野菜の復活を舞鶴市民に紹介した（図8）[1]。2017年1月には京都府、舞鶴市、農協の共催で、佐波賀大根の生産者と実需者（漬物業者、飲食店経

図８　佐波賀だいこんを深く知るセミナーの開催ポスター
2015年２月７日，舞鶴市（京都府）が主催

営者）の意見交換会が舞鶴市のレストランで、佐波賀大根のオリジナルメニューの提案も兼ねておこなわれた。鶏肉と佐波賀大根をあわせた和風メニュー、魚と佐波賀大根の根と葉もあわせたパスタ、佐波賀大根の葉を使った餃子の中華風メニューなどがふるまわれ、大根料理のバラエティーが豊富なことと、佐波賀大根の緻密な肉質による食感の良さと、煮崩れが少なく煮物によ

いことなどが確認された。こうした活動は佐波賀大根の舞鶴市固有の伝統野菜としての認知度を高めることに寄与するが、伝統野菜の需要創出が基盤となった持続的生産の回路が根付くまで、自治体と民間の共催でこのようなイベントを定期的におこなっていくことが、商業的栽培の復活に成功した伝統野菜の次世代への継承につながってゆくと考える。

3　伝統野菜の可能性

普及種野菜と京の伝統野菜の発がん予防効果の比較

この節は、難解であれば読みとばしていただいてもかまわないが、筆者らの最新の科学的な知見を共有するため、伝統野菜のもつ可能性を、生命科学の分析データから読み解いてきた経緯を例を挙げて示す。

筆者らは、健康増進が期待される食品三次機能である「発がん予防効果」[4]を、生命科学的な手法により生物的抗変異作用という指標を用いて、その強弱を試験してみた。生物的抗変異作用とは、発がん物質によりＤＮＡが損傷した細胞に対し、細胞のもつ除去修復や組換え修復などの機能を促進したり、損傷が突然変異として固定される細胞複製までの時間を延長させたりして、ＤＮＡ損傷の正確な修復を促進する作用である。[4・16]簡単に言うと、手にケガをしてできた傷は自然に治ってゆくが、その自然治癒力をより高める作用というものがイメージに近い。ＤＮＡにでき

表4　京の伝統野菜と京のブランド産品の生物的抗変異作用

野菜の種類 ＼ 画分	ヘキサン	クロロホルム	酢酸エチル	水
	脂溶性 ←		→	水溶性
伏見とうがらし[a, b]	△	○	○	—
賀茂なす[a, b]	◎	○	○	—
桂うり[a]	◎	○	○	—
鹿ヶ谷かぼちゃ[a, b]	△	○	○	—
えびいも[a, b]	—	△	△	○
堀川ごぼう[a, b]	○	△	△	—
桃山大根[a]	◎	△	○	△
金時にんじん[b]	—	△	△	—

◎：RMA≦20%，○：20%＜RMA≦50%，△：50%＜RMA≦75%，—：効果なし
a：京の伝統野菜，b：京のブランド産品

た傷は、そのままにしておくとがんの原因となるため、その傷を治す力を高めることで、がんにならないように予防するのである。

生物的抗変異作用はRMAという値で評価し、これが低値であるほど活性は強く、50〜75%はわずかな活性、20〜50%は強い活性、20%以下は極めて強い活性と判断する。野菜はメタノールというアルコールの一種とともにミキサーにかけると、食物繊維以外の野菜の成分がメタノールに溶けてくれる。その溶液を4つの溶液（ヘキサン、クロロホルム、酢酸エチル、水）に溶かしこむことで、脂溶性（油に溶けやすい性質）の強いものから水溶性（水に溶けやすい性質）の強いものまで、おおまかに野菜の成分を分けることができる。成分を大まかに分けたものを画分《かくぶん》という。表4を見ると、賀茂なす、桂うり、桃山大根の脂溶性画分には極めて強い作用があることがわかる。[18]

一般的に野菜や果実の脂溶性の強い画分（ヘキサン

表５　普及種野菜と京野菜の生物的抗変異原性の比較

品目		ナス	ウリ	ダイコン
抽出画分		脂溶性（ヘキサン）	脂溶性（ヘキサン）	脂溶性（ヘキサン）
普及種野菜	IC_{50} (mg/plate)	（千両なす）1.43±0.42	（白うり）0.90±0.47	（青首大根）0.02±0.01
	収量 (mg/kg)	221	30.2	320
	収量 /IC_{50}	155 (119〜219)	33.4 (21.9〜70.2)	15840 (12370〜17480)
京の伝統野菜	IC_{50} (mg/plate)	（賀茂なす）0.79±0.32	（桂うり）0.78±0.36	（桃山大根）0.02±0.01
	収量 (mg/kg)	423	303	875
	収量 /IC_{50}	535 (381〜900)	391 (266〜737)	58333 (51610〜69220)
相対総合評価		3.5	12	3.7

IC_{50} と収量 /IC_{50} 値は ±95% 信頼区間と幅（(　)内）で表している。
収量 /IC_{50} の相対評価は、普及種野菜の収量 /IC_{50} の値を 1 としたときの京の伝統野菜の収量 /IC_{50} の値で表している。

画分とクロロホルム画分）には、味や香りに関わる風味成分が存在する。極めて強い活性が認められた賀茂なす、桂うり、桃山大根の脂溶性（ヘキサン）画分は、いずれもそれぞれの野菜のもつ特徴的な香気をもっていた。この試験結果が得られ始めた１９９７年ごろにおいては、多くの野菜の風味成分は機能性成分でもあるのではと筆者らは考え始めていた。

京の伝統野菜のすぐれた生物的抗変異原性

賀茂なす、桂うり、桃山大根について、それぞれに対応する普及種野菜である千両なす、白うり、青首大根と、詳細に脂溶性画分の活性とそれぞれの野菜に含まれる画分の量（収量）を比較してみた（表5）。ここでは、活性はRMA50％を得るために必要な野菜試料の量（IC_{50}）で評価する。IC_{50}が低値であるほど活性は強いと判断して、より精度の高い活性比較をおこなったところ、生物的抗変異活性は、大根で京の伝統野菜と普及種野菜は同等、なすとうりで京の伝統野菜の方が普及種野菜よりも高い（IC_{50}が低い）ことが明らかとなった。[14] また野菜に含まれる成分画分の量（収量）は、京の伝統野菜の方が普及種野菜よりも多いことが明らかとなった。ここで収量をIC_{50}で除した値（収量／IC_{50}）を抽出画分の活性の総合評価値として用いることで、活性だけでなく収量を考慮に入れた各成分画分間の活性の強さの比較が可能になる。この値をみると、京の伝統野菜の相対総合評価値が普及種野菜と比較して高く、賀茂なすで3・5倍、桂うりで12倍、桃山大根で3・7倍であると判断した。[14・18]

また特記すべきは京の伝統野菜と普及種野菜にかかわらず、大根の生物的抗変異活性のIC_{50}が他の野菜と比較して0・02mgと極めて低値（活性が極めて高いと評価）であったことと、収量を考慮に入れた総合評価値（収量／IC_{50}）は普及種の青首大根で15840、京の伝統野菜の桃山大根では5833と他の野菜と比較して極めて高いことであった。[14] 総合評価値が高いほど、日常摂取する野菜の量で十分な活性が得られやすくなると考えられるため、生物的抗変異作用を得るためには、大根は他の野菜を大きく凌駕している。さらに京の伝統野菜である桃山大根であれば、普及種の青首大根の3・7倍の効果が期待できることから、京の伝統野菜の大根のもつ食品機能性による健康増進効果には大きな期待がもてる。

表6　アブラナ科野菜に含まれる辛み成分
（（　）内は略称またはよく使われる名称）

化学構造式	名称	主に含有する野菜
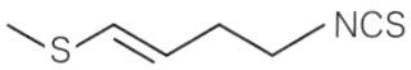	4-メチルチオ-3-ブテニルイソチオシアネート（MTBITC）	大根，はつか大根
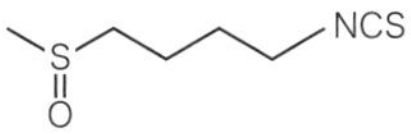	4-メチルスルフィニルブチルイソチオシアネート（スルフォラファン）	ブロッコリー
	アリルイソチオシアネート（AITC）	わさび，からし菜
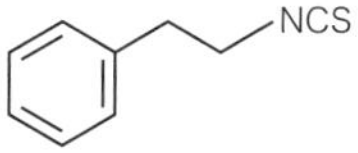	フェネチルイソチオシアネート（PEITC）	クレソン，白からし

化学構造式のNCSの部分はイソチオシアネート基といい，辛みを呈する部分である。NCS以外の部分の化学構造が異なれば，辛みの質も異なり，これが野菜に多様な辛さを与えている。

アブラナ科野菜の辛み成分による発がん予防作用への期待

大根が属するアブラナ科野菜には、各種菜類（油菜、青梗菜、タアサイ、高菜、水菜、壬生菜など）、蕪、白菜、キャベツ、ブロッコリー、カリフラワーなどの食卓に登場する野菜が多い。アブラナ科野菜に含まれる食品機能性成分の種類は多く、ブロッコリースプラウト（ブロッコリー種子から発芽したての幼弱な茎と芽）に含まれる成分のスルフォラファンが、解毒酵素を誘導することによって発がん予防効果を示すことが1992年に論文報告がされて以来、現在では市場情報としても有名となっている[21,26]。スルフォラファンはピリッとした辛みを醸し出すイソチオシアネートと呼ばれる成分である。アブラナ科野菜には野菜の種類によって少しずつ化学構造の異なった多様なイソチオシアネートが含まれており、化学構造の違いにより風味も少しずつ異なっている（表6）。大根の辛みは前節で述べたＭＴＢＩＴＣと呼ばれる成分で、化合物名は４－メチルチオ－３－ブテニルイソチオシアネート（4-methylthio-3-butenyl isothiocyanate）である。わさびの辛みはＡＩＴＣと呼ばれる成分で、化合物名はアリルイソチオシアネート（allyl isothiocyanate）である。ＭＴＢＩＴＣとＡＩＴＣは同じイソチオシアネートと呼ばれる成分の仲間であるが、揮発性が小さいために口内にヒリヒリと広がる大根の辛みと、揮発性が大きいために鼻にツーンとぬけるわさびの辛みとでは、お互い化学的な性質が異なっている。

これらの例のように、イソチオシアネートの成分の多様性がアブラナ科野菜に多様な風味を与えていることで、料理のバラエティーも生まれてくるのである。イソチオシアネートの発がん抑制作用は、疫学と実験病理学の研究で数多く証明されているが、その中でも研究例が多い成分は、フェネチルイソチオシアネート（ＰＥＩＴＣ）である（表6）。ＰＥＩＴＣの報告は欧米諸国の研究者から発信され始めたが、その理由は欧米でよく摂取されているクレソンや白からしなどの西洋野菜に広く分布しているからである。残念ながら日本人が摂取する機会が少ない野菜にＰＥＩＴＣは多く含まれている（表6）[3]。

大根の生物的抗変異原は大根の辛み成分

筆者らは京の伝統野菜のひとつである桃山大根に含まれる生物的抗変異原がＭＴＢＩＴＣであることを２００１年に明らかとした（表6）[15]。驚くべきことに大根に含まれる発がん抑制に寄与する機能性成分は、古くから大根の辛み成分として知られていたＭＴＢＩＴＣであった。このように古くから野菜の風味成分として知られていた成分が、その後、研究手法が向上するにつれて何らかの健康増進に寄与する食品機能性が見いだされる例も多くあり、とうがらしの辛み成分のカプサイシン、ニンニクの強い香気成分のアリシン（ジアリルチオスルフィネート）をはじめとする含硫化合物（イオウを含む化合物）がその一例である。

大根特有の辛み成分ＭＴＢＩＴＣと発がん抑制作用

桃山大根のメタノール抽出物より得たヘキサン、クロロホルム、酢酸エチル、水溶性の4画分の中ではヘキサン可溶性画分が強い抗変異原活性（IC_{50}）と活性総合評価値（収量／IC_{50}）を示したため、普及種の青首大根と京都の伝統的な大根6種類（からみ、桃山、佐波賀、茎、時無し、聖護院）のヘキサン可溶性画分について生物的抗変異作用とイソチオシアネートの定量値を比較してみた。するとイソチオシアネートの総量と生物的抗変異作用との間に高い正の相関関係がみられ、イソチオシアネートが活性成分である可能性が示唆された。このヘキサン可溶性画分のイソチオシアネートを同定してみると2種類あり、ひとつはＭＴＢＩＴＣ、もうひとつはクレソンなどの西洋野菜に広く分布し、発がん抑制作用について多くの報告があるＰＥＩＴＣであった（表6）[15]。ただし、ヘキサン可溶性画分中のＰＥＩＴＣの含有量はＭＴＢＩＴＣの千分の一から一万分の一程度のごく微量であったため、大根の主要なイソチオシアネートはＭＴＢＩＴＣであると考えられた。MTBITCをハムスターの餌に80ppmの濃度となるように混ぜて与えると、発がん物質であるニトロソアミンにより誘発される膵臓がんを、発がんの初期段階（イニシエーション段階）で抑制されることが証明されている。[20] 膵臓がんは初期段階では特徴的な症状がなく早期発見が困難であり、膵臓がんと診断されるときには手遅れというケースが多いため、膵臓がんの死亡率低下にはその予防が重要であると考えられている。また、最近MTBITCを同様にラットに与えると、食道がんがイニシエーション段階だけでなくプロモーション段階（中期段階）でも抑制されることが証明され、MTBITCの摂取ががん予防に有効であることがわかり始めている。[24] MTBITCが動物実験で膵臓がんと食道がんを抑制することが明らかになったことから、将来、食事介入試験などによる人を対象とした大根のもつがん予防効果の証明に進めば、代表的な和食材のひとつである大根の健康増進効果が明らかになっていくであろう。

大根のMTBITCは日本人が最もよく摂取している

アブラナ科野菜の中で、日本で最も消費量の多い品目は大根であり、日本各地に伝統品種が存在している。形態的にユニークな特徴をもつ品種も多く、世界一長い大根の守口大根は、なにわ野菜と飛騨・美濃伝統野菜として認定されており、世界一大きい大根の桜島大根は鹿児島県の特産品である。さて、大根の辛み成分のMTBITCは味覚器官をもつ人にとっては食事に適度な刺激を与えてくれる辛み成分であるが、大根にとっては害虫や病原体を攻撃して侵入を防いでくれる成分としてはたらいている。大根にとっては、ＭＴＢＩＴＣは外敵の攻撃を受けていないときには必要がない成分であり、ＭＴＢＩＴＣは大根の細胞にも毒性があるため、通常はＭＴＢＧＬＳ（４－メチルチオ－３－ブテニルグルコシノレート）と呼ばれる無味無臭で毒性のない化合物としてダイコンの根の細胞中に存在している。[17] 大根が外敵の攻撃を受けるなどして細胞膜が破壊されると、細胞の中からＭＴＢＧＬＳが細胞外に出ていき、表皮近くに局在しているミロシン細胞の中からは酵素のミロシナーゼが細胞外に出ていく。ここでＭＴＢＧＬＳとミロシナーゼが反応してＭＴＢＩＴＣがはじめて生成する。このためＭＴＢＩＴＣの生成量は、ＭＴＢＧＬＳの量とミロシナーゼの量の両方の要因で決定され、大根の細胞膜をはげしく破壊する調理方法である、大根をおろしたときには多くのＭＴＢＩＴＣが生成してくる。大根おろしは日本では食文化として根付いているが、大根を消費している諸外国でも、大根をおろして摂取している国はない。また、ＭＴＢＩＴＣは大根のみがもつ特異な成分であり、他の食材には含まれていないことから、日本人ほどＭＴＢＩＴＣを摂取している民族はないと考えられる。

食事は健康に少なからず影響を及ぼすと考えられているが、日本が世界順位上位の長寿国であることをあわせて鑑みると、大根の辛み成分のＭＴＢＩＴＣが、日本人の長寿に何らかのよい影響を与えているのかもしれないと筆者は推測している。

4　まとめ

本章では、生命科学の視点として、野菜のもつ風味成分（食品二次機能成分）は健康増進が期待される成分（食品三次機能成分）としてもはたらく事例について述べ、社会科学の視点として、伝統野菜が復活する可能性について述べてきた。緑茶カテキンは古くからお茶の苦みを呈する食品二次機能成分であることがわかっていたが、ＬＤＬコレステロール、中性脂肪の小腸からの吸収を抑制する食品三次機能をもつことが新たにわかってからは、動脈硬化症と肥満の予防のため、緑茶の飲用の推奨だけでなく、高濃度カテキン飲料が販売されるに至っている。大根の辛み成分であるＭＴＢＩＴＣも食品二次機能と食品三次機能を兼ね備えた成分であるが、古くから知られていた食品二次機能の報告に遅れ、食品三次機能としての抗菌性は１９８２年に[2]、生物的抗変異原性は２００１年に[15]、発がん抑制効果は２０１３年に[20]、研究論文として初めて報告されている。このように、風味成分の発見から、風味成分が健康増進効果をもつことまでの間には長い時間がかかることが多い。

日本の野菜はその消費形態が地産地消型から長距離輸送型になるにつれて、生産者・流通業者・販売業者は野菜に輸送耐久性および安定供給のための対病虫害性・多収性・早期収穫性・長期保存性を求め、消費者は強い風味よりもマイルドな風味を求めてきた。大根においては、これまでの消費者嗜好から、辛みを減らす方向で品種選抜がおこなわれてきた。辛み成分のＭＴＢＩ

ＴＣの健康増進効果が報告されるまでは、大根の辛みを減らす品種選抜の方向性にだれも疑問をもたなかったと考えられる。これは消費者嗜好に応えた品種選抜が、ときとして皮肉な結果となって現れることを私たちに示してくれているのかもしれない。日本では個性の強い野菜の風味を減らす方向で品種選抜をおこなってきた傾向があるが、将来は大根のＭＴＢＩＴＣの例を教訓として、品種選抜の方向性を考慮する必要もあるかもしれない。現在ではこれらの反省から、強い品種選抜を受けていない日本各地の伝統野菜や、それを支える有機農法や伝統農法も注目されてきており、日本の野菜が風味の面でも健康の面でも良い方向に向かい始めている。

伝統野菜は、比較的狭い地域で生産され、その近郊で消費されてきたため、独自の食文化的な歴史背景をもっている。伝統野菜の消費者は、そのおいしさだけでなく、その背景にある稀有性にも魅力を感じている。

そのため、伝統野菜の生産縮小からの脱却には、

①伝統野菜の食品機能性の情報をＰＲすること

②伝統野菜のストーリー性を文献や聞き取り調査等で明文化して保存しておくこと

③伝統野菜の付加価値としてそれらの情報を流通と販売の現場に還元して、実需者などとともに需要創出と持続的生産を確立していくこと

等が必要であるかもしれない。

本章で取り上げた佐波賀大根は、筆者が専門とする機能性などの生命科学分野の科学的知見が、

地域住民、生産者、行政とつながっていったことにより、それぞれが単独で活動する効果の総和を超えた相乗効果が生みだされ、「縮小あるいは絶滅の生産の現場の危機」から再生を果たした事例といえよう。科学者も論文で成果を発表することとあわせて、キーパーソンとの協働をはじめとする、何らかの「縁をむすぶ」ことによって、研究成果がほんとうの意味での成果となって社会貢献につながってゆく可能性を、本事例を通して実感していただければ幸いである。

参考文献

［1］『朝日新聞京都版』（２０１５年2月8日）「『佐波賀大根』めざせブランド化」
［2］江崎秀男、小野崎博通（１９８２）「大根辛味成分の抗菌性について」栄養と食糧、35、２０７～２１１頁
［3］Gupta, P., Wright, S. E., Kim, S. -H., Srivastava, S. K. (2014) Phenethyl isothiocyanate: a comprehensive review of anticancer mechanisms. *Biochim. Biophys. Acta*, **1846**, 405-424.
［4］Kada, T., Inoue, T., Namiki, M. (1981) Environmental mutagenesis, carcinogenesis and plant biology. in Klekowski, E. J. Jr. ed., *Environmental desmutagens and antimutagens*. Praeger Scientific, pp.132-151.
［5］科学技術庁資源局（１９６３）『三訂日本食品標準成分表』
［6］科学技術庁資源調査会事務局（１９８２）『四訂日本食品標準成分表』
［7］国立研究開発法人国立がん研究センターがん対策情報センター「２０１７年のがん統計予測」http://ganjoho.jp/reg_stat/statistics/stat/short_pred.html（２０１７年11月22日閲覧）

[8]『京都新聞』（２０１６年11月11日）「当世和食事情第2部 食材のむこう⑦絶滅ダイコン再生の壁」
[9] 京野菜機能性ｎｅｔ「食べて健康京野菜」http://kenko-kyoyasai.jp/（２０１７年11月24日閲覧）
[10] 京野菜機能性ｎｅｔ「京野菜の抗酸化能力」http://kenko-kyoyasai.jp/functionality/170327-pam.pdf（２０１７年11月24日閲覧）
[11] 文部科学省科学技術・学術審議会資源調査分科会（２０００）『五訂増補日本食品標準成分表』
[12] 文部科学省科学技術・学術審議会資源調査分科会（２０１５）『日本食品標準成分表２０１５年版（七訂）』
[13] Nakamura, T., Nakamura, Y., Sasaki, A., Fujii, M., Shirota, K., Mimura, Y., Okamoto, S. (2017) Protection of *Kyo-yasai* (heirloom vegetables in Kyoto) from extinction: a case of *Sabaka-daikon* (Japan's heirloom white radish, *Raphanus sativus*) in Maizuru, Japan. *J. Ethn. Foods*, **4**, 103-109.
[14] 中村考志、糸井昭太郎、藤井雅弓、中村貴子、城田浩治、末留昇、曹永晩、小川久美子、西川秋佳、松尾友明、岡本繁久、朴恩榮、佐藤健司（２０１２）「京野菜の食品機能性における普及種に対する優位性とそれを活かした需要の創出」調理食品と技術、18、１４１～１４９頁
[15] Nakamura, Y., Iwahashi, T., Tanaka, A., Koutani, J., Matsuo, T., Okamoto, S., Sato, K., Ohtsuki, K. (2001) 4-(Methylthio)-3-butenyl isothiocyanate, a principal antimutagen in daikon (*Raphanus sativus*; Japanese white radish). *J. Agric. Food Chem.*, **49**, 5755-5760.
[16] Nakamura, Y., Matsuo, T., Okamoto, S., Nishikawa, A., Imai, T., Park, E.Y., Sato, K. (2008) Antimutagenic and anticarcinogenic properties of Kyo-yasai, heirloom vegetables in Kyoto. *Genes Environ.*, **30**, 41-47.
[17] Nakamura, Y., Nakamura, K., Asai, Y., Wada, T., Tanaka, K., Matsuo, T., Okamoto, S., Meijer, J., Kitamura, Y., Nishikawa, A., Park, E.Y., Sato, K., Ohtsuki, K. (2008) Comparison of the glucosinolate-myrosinase systems among daikon (*Raphanus sativus*, Japanese white radish) varieties. *J. Agric. Food Chem.*, **56**, 2702-2707.
[18] Nakamura, Y., Suganuma, E., Kuyama, N., Sato, K., Ohtsuki, K. (1998) Comparative bio-antimutagenicity of

common vegetables and traditional vegetables in Kyoto. *Biosci. Biotechnol. Biochem.*, **62**, 1161-1165.
[19] 日本農業新聞（２００４年５月13日）「復活伝統野菜 ８ 機能性」
[20] Okamura, T., Umemura, T., Inoue, T., Tasaki, M., Ishii, Y., Nakamura, Y., Park, E. Y., Sato, K., Matsuo, T., Okamoto, S., Nishikawa, A., Ogawa, K.（2013）Chemopreventive effects of 4-methylthio-3-butenyl isothiocyanate（*Raphasatin*）but not curcumin against pancreatic carcinogenesis in hamsters. *J. Agric. Food Chem.*, **61**, 2103-2108.
[21] Prochaska, H. J., Santamaria, A. B., Talalay, P.,（1992）Rapid detection of inducers of enzymes that protect against carcinogens. *Natl. Acad. Sci. USA*, **89**, 2394-2398.
[22] 総理府資源調査会事務局（１９５４）『改訂日本食品標準成分表』
[23] Soup and Smile. https://ja-jp.facebook.com/Soup-Smile-219266005148154/（２０１７年11月24日閲覧）
[24] Suzuki, I., Cho, Y. M., Hirata, T., Toyoda, T., Akagi, J., Nakamura, Y., Park, E. Y., Sasaki, A., Nakamura, T., Okamoto, S., Shirota, K., Suetome, N., Nishikawa, A., Ogawa, K.（2016）4-Methylthio-3-butenyl isothiocyanate（*Raphasatin*）exerts chemopreventive effects against esophageal carcinogenesis in rats. *J. Toxicol. Pathol.*, **29**, 237-246.
[25] 高嶋四郎、加藤精一（２００３）『歳時記　京の伝統野菜と旬野菜』トンボ出版
[26] Zhang, Y., Talalay, P., Cho, C. -G., Posner, G. H.（1992）A major inducer of anticarcinogenic protective enzymes from broccoli: isolation and elucidation of structure. *Natl. Acad. Sci. USA*, **89**, 2399-2403.

謝辞
本章の研究は次の助成金により遂行した。
（１）　京野菜の発がん抑制・運動時疲労軽減効果と糖尿病患者への適用に関する機能性研究、科学研究費（基盤研究Ｂ一般、２４３００２５３）、平成24年度―平成26年度

（2）アブラナ科野菜の発がん抑制成分のヒト生体内利用能を考慮した摂取目標量の設定、科学研究費（挑戦的萌芽研究、25560039）、平成25年度—平成27年度

（3）和食から発がん抑制効果を最大に得るためのヒト生体内利用能を考慮した摂取様式の特定、科学研究費（挑戦的萌芽研究、16K12708）、平成28年度—平成30年度

第五章　農業を起点とするプレイス・ブランディングの可能性

――丹波市のブランド資産とブランド構造に関する検討

徳山美津恵

はじめに――問題意識

わが国は、他国に先駆けて人口急減・超高齢化の危機に直面している。『日本の都道府県別将来推計人口』によると、２０１０年の時点で既に38都道府県で人口が減少しており、その数は２０１５年までに41都道府県に増え、２０２０年には沖縄を除く46都道府県での人口減少が予測されている。(1) こうした中、３大都市圏に先んじて人口が減少し始めた地方においては、人口の減少が新規投資の減少につながり、地域の魅力が低下することで更に人口の転出に拍車がかかるという悪循環が生じている。[16]

この現状を打開していくために、第2次安倍内閣は2014年に「まち・ひと・しごと創生本部」を設置した。その結果、「地方創生」に関する議論と政策に本腰を入れようという機運が高まっている。現在、移住・雇用・子育て（少子化対策）の3分野に力が入れられているが、中でも人口の社会増という直接的な効果をもたらす移住政策に関心を寄せる自治体は多い。幾つかの自治体が制作したPR動画が話題になったことは記憶に新しいが、移住を誘うポスターもあちこちで見られるようになり、首都圏では週末になると多くの移住関連イベントが開催されている。こうした中、移住促進として自治体が出す奨励金は移住バブルの様相を呈しているとも言われる。

地方創生では、各地域が「それぞれの特徴を活かした」自律的で持続的な社会を創生することが目指されている。[21]ならば、横並びの移住政策から抜け出し、地域を活かした「移住」を考える時期にきているのではないだろうか。

地域資産を活かすという点で近年、注目を集めつつある地域ブランディングであるが、その研究領域は「産品」を対象としたものと「地域そのもの」を対象にしたものに分けられ、日本では前者を軸に研究が進められてきた。[13]地域社会が縮小する中で、生産現場としても、付加価値を高めるための産品のブランド化に注力したいという想いは理解できる。しかし、モノの価値だけを高めていても限界がある、ということに地域社会も気づいてきているのではないだろうか。地方創生を推進していく上で、特に移住との関係で必要な議論は「産品」ではなく「地域そのもの」すなわち「場所」のブランディングであり、それが本章のテーマとなるプレイス・ブランディングである。以下では、丹波市を例に、農業を起点とするプレイス・ブランディングの可能性について議論していきたい。

1　研究としてのプレイス・ブランディング

プレイス・ブランディングとは何か

国内でも研究者・実務家の双方において注目されるようになった地域ブランディングだが、海外でも場所のブランディング、すなわちプレイス・ブランディング（place branding）として近年、特に注目を集めている分野である。(2) プレイス・ブランディングとは、都市、地域、国々の経済的、政治的、文化的発展のためにブランド戦略や他のマーケティング・アプローチを適用することであり[1・2]、具体的には多様な要素や特徴を有する国や都市において、それらをブランド・イメージの構築につなげ、産品の販売や観光客の増加といった具体的な成果に結び付けることであると定義づけられている[8・12]。

ブランド論の大家と言われるアーカーのブランド・エクイティ論を出発点とするブランディング研究の一分野として、場所のブランディングは登場した。ただし、そこで研究される場所は多岐にわたるため、都市（city、urban）、観光地（destination）、物理的空間（location）といった様々な言葉が使われてきた。近年ではそれらを総称してプレイス・ブランディングという用語が使用されるようになってきており、本章でも産品のブランド化との違いを明確にするために、このままプレイス・ブランディングという用語で議論を進めたい。

プレイス・ブランド・マネジメント

国家や都市間の競争がますますグローバルになる中で、世界中の国や都市、町や村が競争に生き残ろうと、ブランディングを重要するようになったと言われる。[7・15] 都市や地域、国といった場所におけるブランディングの理論的基盤は企業ブランド論であると言われる。というのも、ウォークマンやカローラといった個別ブランドに対し、ソニーやトヨタといった企業ブランドの持つ抽象性や複雑性が場所の構造（国と都市の関係など）と類似しているだけでなく、多数の利害関係者が存在することや社会的責任の重さ、長期的視点でのマネジメントといった点においても、両者の類似性が指摘されているからである。[2] それらは、グローバル化に積極的に挑戦していく企業と同様に、国家や都市といった場所においても、より実践的な研究が求められる背景ともなっている。

こうした中、プレイス・ブランディングの中心的な議論はマネジメントに移行している。例えば、ハンナとローレイは国家から観光地までの幅広い文献のレビューを行う中で、5つの既存モデルを基に、より包括的な戦略的プレイス・ブランド・マネジメント・モデルを提案している[7]（図1）。既存モデルと同様、「企業が顧客の心の中に形成したいと思う理想的なブランドの姿」[14]

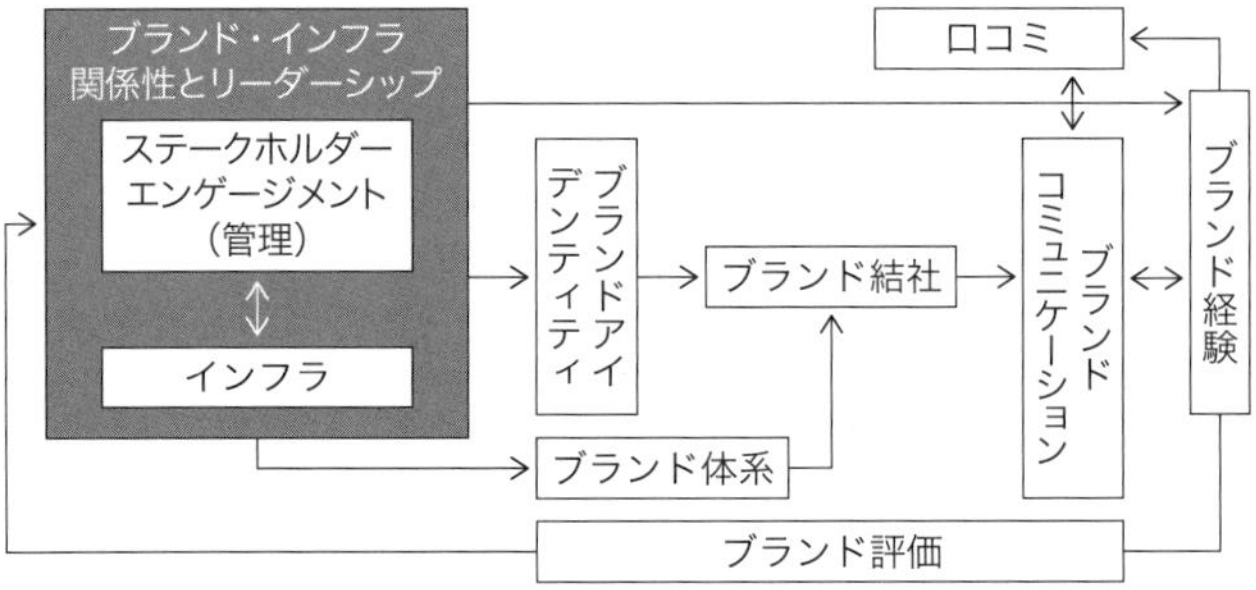

図１　戦略的プレイス・ブランド・マネジメント・モデル[7]

であるブランドの自我同一性（identity）を軸としたモデルとなっているが、これまでに議論されたプレイス・ブランディングに関わる重要なマネジメント要素が含まれているだけでなく、継続性を意識した循環型モデルとなっている。

プレイス・ブランド・マネジメントの限界

近年、こうしたマネジメント論に則った議論に対し、批判的な意見も数多く出るようになっている。ブランディングは上意下達の一方向的な管理プロセスではなく、相互に結び付けられた下位プロセスの集合であるという指摘[10]やプレイス・ブランディングは現場からの積み上げ方式で行われるべきだという意見[5]はプレイス・ブランディングにおけるマネジメント視点の限界を指摘していると言えよう。

こうした動きの中、２０１０年以降、地理学の知見を積極的に取り入れる研究が見られるようになってきた[3・10・26]。例えば、カンペロらは、人文主義地理学における身体的、社会的、歴史的に構築された、人と場所との関係性を表す場所の感覚（sense of place）の概念を用いて、場所の感覚がプレイスにおけるブランド経験の基盤となり、その土地の独自性を生み出すとする。[3] カバラティスとハッチも、人文主義地理学の知見を取り入れ、環境との相互作用の中で継続的に生み出され、再生産されるものとして場所を捉えている。その中で、プロセスの結果として生み出された場所の自我同一性（place identity）ではなく、場所の自我同一性をプロセスそのものとして捉えたプレイス・ブランディグのモデルを提唱している。[10] こういった指摘は、その土地で得られる感覚や経験が持つ意味、すなわち場所の意味を、プレイス・ブランディングに積極的に取り入れようとする試みといえよう。

新たなモデルへの展開

こうした新たな視点を取り入れたモデルとして、最後に若林・長尾・徳山のプレイス・ブランディグ・サイクルを紹介したい。[25] このモデルは、既存モデルを批判的に検討する中で構築された地理学の場所（place）の概念を取り入れたモデルであり、米国ポートランドや瀬戸内海といった国内外の様々な事例により検証され、精緻化されたモデルである（図2）[25]。既存のマネジメント・モデルと異なり、物理的空間（location）から意味を持つ場所が作られていく過程に、地域での行為主体であるアクター（actor）となる人々がどう関わっていくか、という動態的な視点が特徴となる。このモデルは次の3つの特徴を持つ。

まず第一に、場所が生まれるきっかけとして「場所の感覚」を位置付けていることである。物

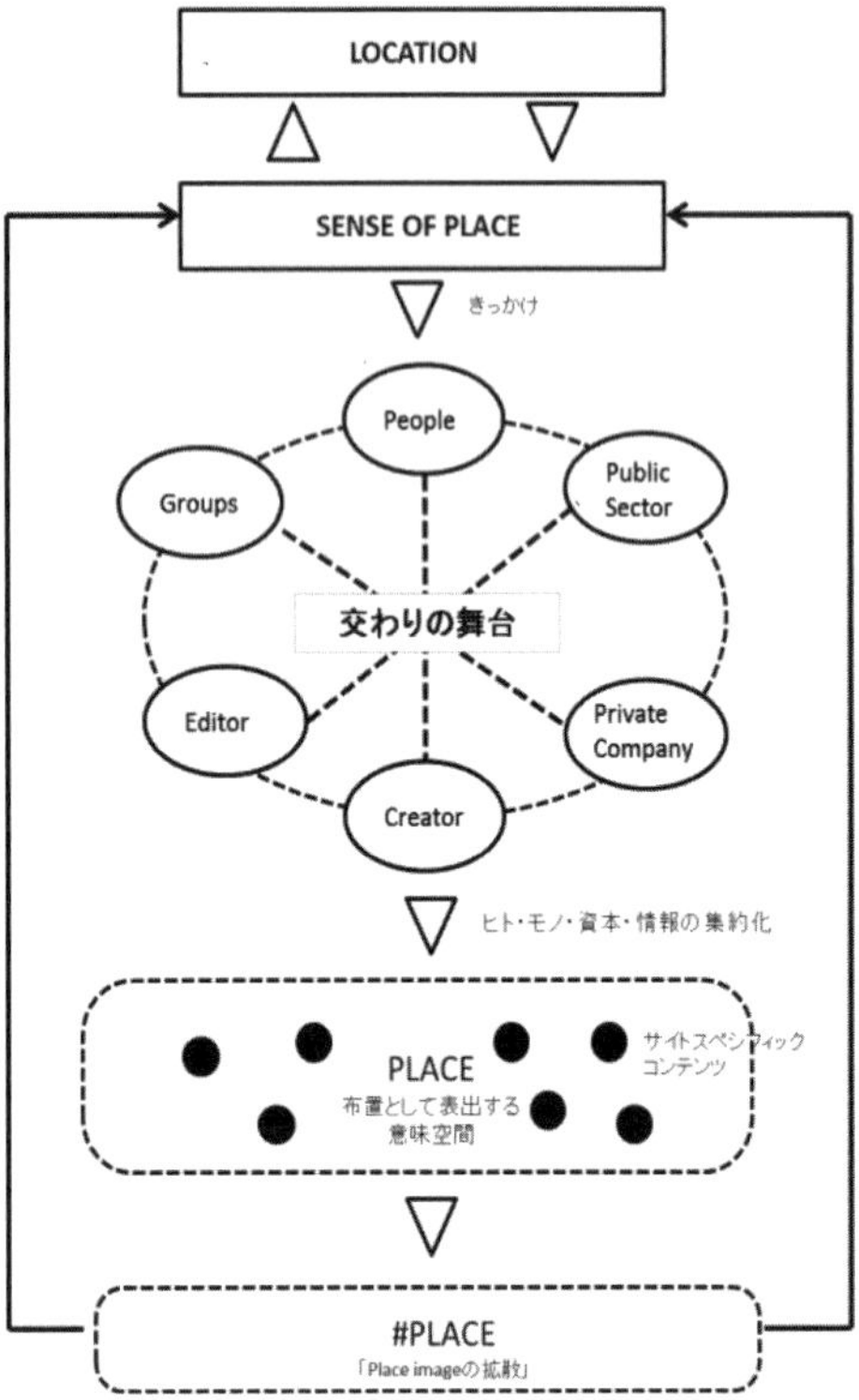

図２　プレイス・ブランディング・サイクル[25]

理的空間に意味を見出し、場所にするためのきっかけが場所の感覚、言い換えるならば、場所に対する感性である。この感覚によって、ある人にとっては特に何の意味も持たない場所が、別の人にとっては特別な場所となりうる。例えば、銅の製錬所を誘致したことによって島内の自然が失われ、周辺の海も汚れ、多くの人々から見捨てられていた瀬戸内海にある直島を現代アートの聖地へとよみがえらせた福武總一郎（現ベネッセホールディングス最高顧問）は、直島に特別な意味を見出した一人と言える。

2つ目は「交わりの舞台」という考え方である。企業と異なり、特定の場所で活動する人々たちはそれぞれに目的を持っていることが多く、彼らをひとつの方向にまとめるのは容易ではない。実際に、協議会や委員会方式では、こうした地域で積極的に活動する人々はほぼ集まらないか嫌々ながら集まると考えて良いだろう。最初は個々の想いとともに各自がバラバラで実践していたことが、ふとしたきっかけで交わり、全体としての意味のつながりが生まれてくる状態が理想である。だからこそ、それぞれに活動しているアクターが交わる舞台として場所を捉えなければならない。その際、プレイス・ブランディングの単位となる場所の範囲を行政区域という視点で捉えてしまうのは危険である。直島から瀬戸内海に現代アートの意味が広がったように、場所の単位はその中で活動するアクターたちによって可変するものであり、広がりを持つものとして考える必要がある。

3つ目として、意味空間としてのプレイス・イメージは戦略的にコミュニケーションすべき対象ではなく、拡散していくものとして捉える必要がある。抽象的な立地に意味を見出し、独自の軌跡を歩んできたアクターたちが交わっていく中で、有形無形を含め多様なコンテンツが生まれていく。その場でしか体験できない、特定の場所に帰属するコンテンツは、近年、ソーシャルメディアの文脈の中で自然に拡散していくようになった。直島の象徴的な存在となっている草間彌生の作品「南瓜」は多くの人に求められている。というのも、直島に行く人は必ずと言っていいほど、瀬戸内の海を背景に「南瓜」の写真を撮り、それをインスタグラムやツイッター、フェイスブックに代表されるSNSに投稿している。瀬戸内海に舞台を広げた瀬戸内国際芸術祭が始まってからは、瀬戸内では様々なアート作品が、そして、しまなみ海道を軸とする自転車やサイクリングといった新しいコンテンツが日々投稿され、そのイメージは世界に広がり、共有されている(3)。

次節では、このモデルを用いて、丹波市を支える農業について分析していく。というのも、農業は丹波市の基幹産業に位置付けられているにもかかわらず、他の地域と同様に課題を抱え、それが地域社会の縮小にもつながっているからである。プレイス・ブランディングの視点から同市の農業を分析することで、丹波市と同じような悩みを抱える地域が持つ可能性について議論できるのではないだろうか。

分析に使用したデータは理論的サンプリングによる丹波市関係者（市役所農業振興課、新規就農者、企業関係者）へのインタビュー・データと丹波市で作成された資料、新聞・雑誌記事、関係する組織のウェブサイトである。(4) 特に、今回の分析においては新規就農者の中でもIターン新規就農者のインタビュー・データを重点的に分析している。後継者やUターンと異なり、Iターンの人たちは、当該地域に対する具体的な知識が少ない中で他の地域も比較し、移住地として選んでいるからであり、その際、ブランド・イメージなどが影響を及ぼすと考えられる。以下では、丹波市における農業の現状について把握したのち、Iターン新規就農者に焦点を当て、彼らがもつ同市のブランド・イメージから、そのブランド資産と構造を導き出していきたい。

2　丹波市における農業の位置付け

丹波市の概要

丹波市は、平成の大合併が進められた2004（平成16）年11月に、氷上郡の柏原町、氷上町、青垣町、春日町、山南町、市島町の6町が合併して誕生した比較的新しい地方の小都市である。兵庫県の中央東部に位置しておりながら、高速道路が整備されていることから京阪神へのアクセスは良い。地形的には、本州の骨格のひとつを構成する中国山地の東端に位置し、急斜面を持った山々によって形作られた中山間地域となっている。

丹波市の人口は2017年3月時点で6万5810人である。(5) 図3により同地域の長期的な人口の推移を見ていくと、1970年から2000年にかけて7万人程度で移行していたが、

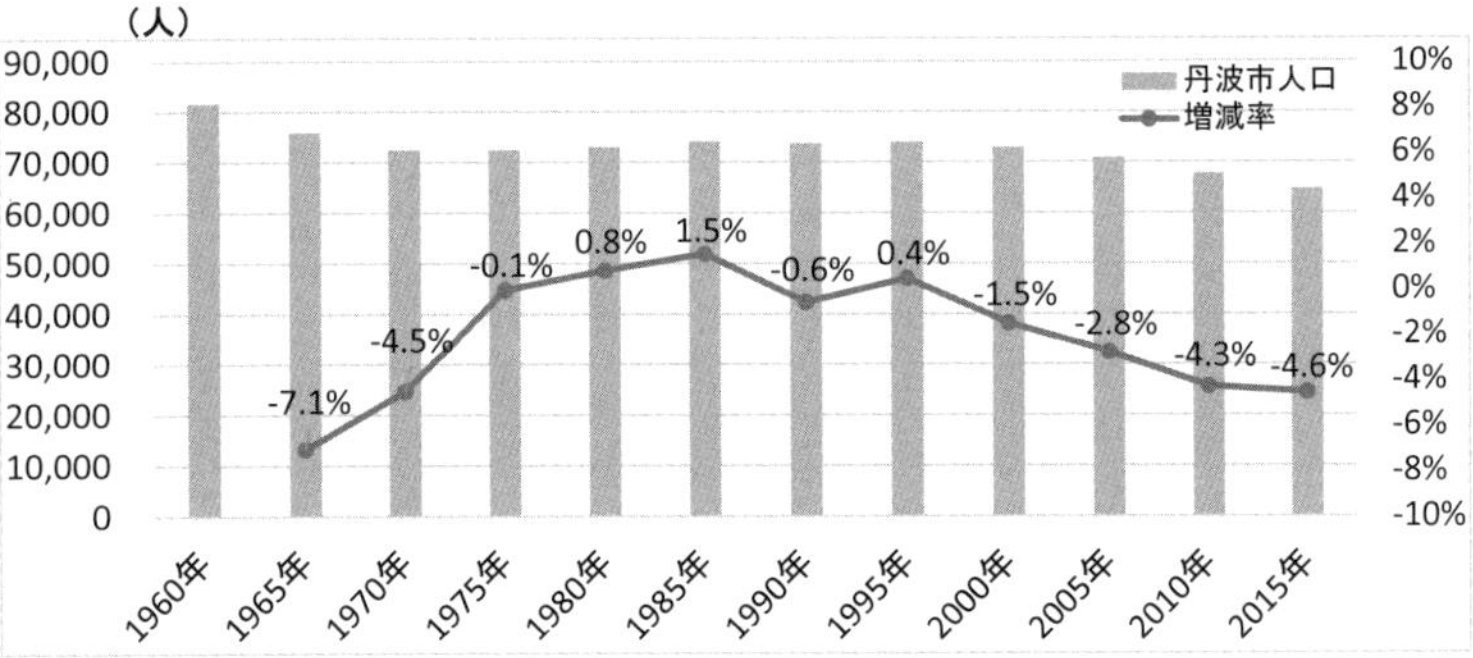

図３　丹波市の人口と増減率の推移（丹波市提供資料より）

２０００年以降は減少傾向にあり、平成の大合併後も平均で３・３％の人口減少が続いていることがわかる。

基幹産業としての農業

丹波市の名前の由来となっている丹波国《たんばのくに》は、京都府の５市町（福知山市、綾部市、亀岡市、南丹市、京丹波町）と兵庫県の２市町（篠山市、丹波市）からなる広大な令制国であった[6]。かつての都であった京都の北西の出入口に当たることから、各時代の権力者から重要視され、鎌倉時代や江戸時代は幕府の直接支配を受けた地域でもある。この丹波一帯は年間の寒暖差と昼夜間の温度差が激しく、秋から冬にかけて「丹波霧」と呼ばれる朝霧と夕霧が頻繁に発生する。こうした気候にあり、肥沃な土壌と豊かな水によって育まれた農産物は、「丹波もの」として長い歴史の中で常に高い評価を受け、今日でもその名は全国に知られている。

このような風土を持つ丹波市において、農業は基幹産業として位置付けられてきた。丹波市では稲作の他に野菜や花卉栽培、酪農や畜産も行われている。中でも、古くは日本書紀にもその名が載る「丹波栗」をはじめ、朝廷や幕府に献上された記録がある「丹波黒大豆」や「丹波大納言小豆」は、全国の有名和菓子店で使用される高級食材であり、丹波市では丹波三宝として戦略的に位置付けている。

その他、丹波市を特徴づける農業として野菜の有機栽培がある。丹波市北東に位置する市島地域は、環境問題が注目され始めて間もない１９７５（昭和50）年に30数軒の農家が集まって市島有機農業研究会を結成し、農薬や化学肥料に頼らない有機栽培や無農薬野菜に取り組んできた歴史を持つ[24]。同地域は今でも有機農業の先駆的地域として、国内外の農業関係者から注目されている。

丹波市の農業が抱える課題

良質な農産物を生産し続けてきた地域であるにもかかわらず、丹波市の農業も深刻な問題を抱えている。図４によると、丹波市の総農家数は５５９４戸で、10年前と比べて22％も減少しており、特に柱となっていた第２種兼業農家（農業所得を従とする兼業農家）は35％も減少している。その結果、耕作放棄地面積は２０１５年時点で３０８ヘクタールとなっており、10年前と比べて28％も増加している。こうした耕作放棄地は丹波市内に点在しており、景観的にも大きな問題となっている。

農業就業人口を見てみると、２００５（平成17）年の６３７１人から減少し続け、平成27年度

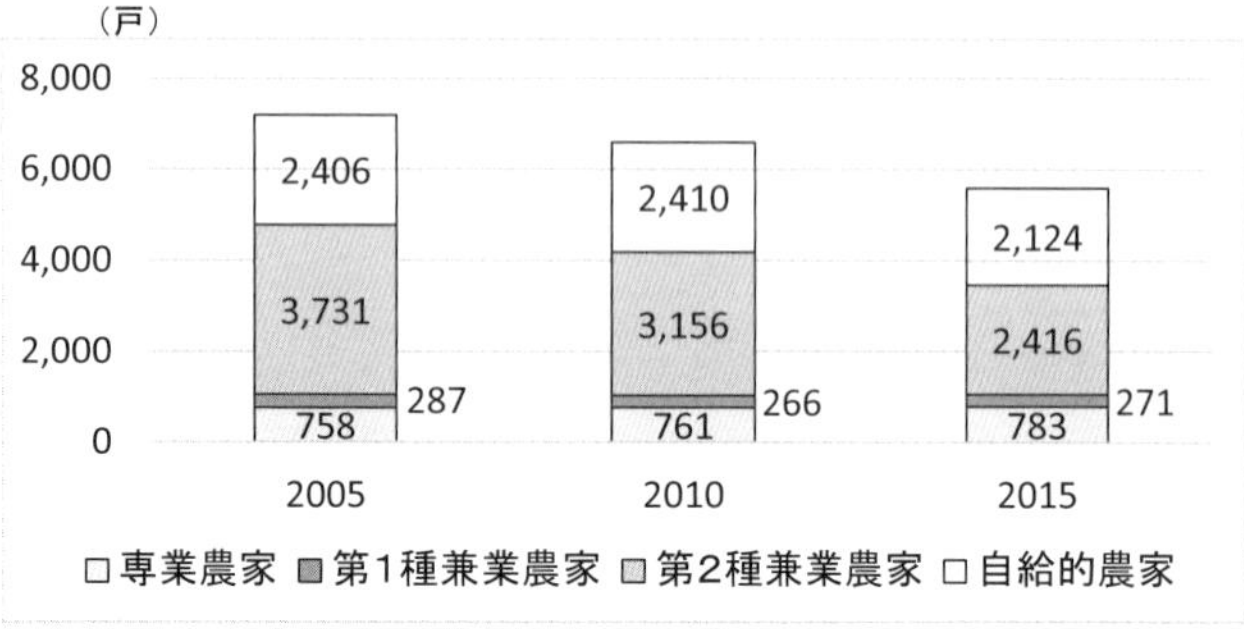

図４　丹波市の農家数の推移（農林業センサス丹波市より）

には３７９１人と10年間で40・５％減少し、65歳以上が３０４８人で80・４％を占めている。日本の農業の縮図として、丹波市も担い手の減少と高齢化による労働力不足という深刻な問題を抱えているのである。

丹波市における新規就農者

丹波市にも近年、新しい動きが出ている。先ほどの図４に戻ると、第２種兼業農家と自給的農家により農家全体の数は減少しているものの、専業農家の数は微増ながらも、むしろ増加していることがわかる。そこで、丹波市における新規就農者を見ていく。表１は丹波市による平成24年から28年度までの新規就農計画の認定数を表にしたものである。この表によると、丹波市のここ５年間の新規就農者の数は13名で増加傾向にあることがわかる。しかも、そのうちの６割がＩターンによる新規就農者であり、この地を自らの意思で選び農業を開始したことが特徴的である。後継者不足により農家数が減少する中、専業農家数はここ10年で３％とゆっくりとした

表１　丹波市の認定新規就農者の内訳
（丹波市提供資料より）

No.	年度	氏名／法人名	形態
1	2012	個人	Ｉターン
2	2012	個人	後継者
3	2014	個人	Ｉターン
4	2015	法人	Ｉターン
5	2015	個人	Ｉターン
6	2015	個人	Ｉターン
7	2016	個人	Ｉターン
8	2016	個人	後継者
9	2016	法人	Ｉターン
10	2016	個人	Ｉターン
11	2016	個人	後継者
12	2016	個人	Ｕターン
13	2016	個人	後継者

ペースで伸びてきているが、近年の新規就農者数はそのペースを押し上げる役割を果たしていることがわかるだろう。

前項で確認したように、後継者として農業を開始する人は少ないが、それを補いうる意欲のある人たちが新たに丹波市において農業に携わっている。法人による就農も2件あることから、ビジネス意識の強い企業も、この地に注目していることがわかる。では、こうした新規就農者は、丹波市とどのように接点を持ち、何を求めて、同市において農業を始めたのだろうか。その点を理解することが、丹波市のプレイス・ブランディングを考える上でも重要となるであろう。

そこで、新規就農者へのインタビュー調査を実施した。対象は平成24年度以降の新規就農者13名のうち、後継者とUターンを除くIターンの方8名、そのうち法人である2社を除く6名である。今回はそのうちの3人の新規就農者へインタビューを試みた。次では、インタビューの分析結果より、丹波市におけるIターン新規就農者の特徴を紹介していく。(7)

丹波市におけるIターン新規就農者の特徴

今回のインタビュー協力者は調査対象者6人のうちの3人のみでの実施であるため、そこから丹波市におけるIターンの新規就農者を一般化することはできない。しかし、同市のプレイス・ブランディングを考えていく上で、次の三点の特徴を指摘することができる。

まず第一点目は、インタビュー協力者の全員が大学卒もしくは大学院卒の高学歴の就農者であったことである。彼らは会社員の経験がありながら、農業に関する知識はほとんどなく、したがって全員が農業に携わる前に農業学校や農業法人で農業を勉強してきていた。彼らは儲かる仕事や楽な仕事としてではなく、自らの責任と判断が求められつつも自然の近くでできる仕事として農業を選んでいた。アメリカでの在住経験のあるインタビュー協力者は次のように言う。

「会社の中での自分の立ち位置が見えてしまったので、あまり面白くないなという気持ちを抱えたまま日本に戻って、何か地域に根を下ろした仕事をしたいなと。アメリカで現地の人たちが生き生きと仕事していたのは、地域があって、その上で仕事していたからだと思った。

地域に根を下ろした仕事、を勝手に考えたら農業しか思いつかなかった。」（表1 No.3のIターン新規就農者）

この考え方は、日本人が当たり前のように思ってきた都会型ライフスタイルの対極にあり、里山という地域で暮らすライフスタイルとして、農業に関わる生活を捉えていたことである。彼らは皆、農業経験が非常に浅いながらも、別分野で長年にわたり勉強や仕事をしてきたという点で、農業技術の習得に関してトライアンドエラーをしながら学ぶということに抵抗がなかった。

第二に、彼らは全員、丹波市内で世話人とも呼べる人や組織（団体）との出会いがあったことであり、それによってスムーズに新しい土地での新規就農ができていた。Iターン新規就農者の次の言葉はこれをよく表している。

「農業法人で働いている時に今、お世話になっている人と出会っている。その人たちから初めは農機も借りて、土地も準備していただいてという感じで。（中略）世話人は普通の農業だが、活動されているグループで、遊休農地を土日などに耕して少しでも活用しようという活動をされている。皆さん、サラリーマンをされていたり、職種は色々あった。その活動に誘われて、ここで農業ができないか相談したらいいよと引き受けてくれた。これといって探しまくったわけでなく縁があった。」（表1 No.10のIターン新規就農者）

「外部から人が来ても冷たくされるよという自治体もある中で、たまたま当時の農業振興課の課長さんが積極的によんでくれて、個人的にこういうところがあるから、と。農業法人を紹介してくれたら、土地と家まで手配してあげるよという形で、そのおかげでかなりすんなりと、村入りができた。」（表1 No.3のIターン新規就農者）

農業に関して言うならば、特に風土や気候に関する知識や土地勘がなければ、自然を相手にする農業を始めることは難しい。その意味で、土地などを紹介する労を惜しまない世話人がいることは新規就農において重要な要素である。また、彼らは丹波市内でのネットワークの作りやすさについても高く評価していた。次の言葉からも、丹波市にはコミュニティ力、すなわちつながる力があると言えるだろう。

「ネットワークは意識的に作った部分もあるけど、勝手に広がったところも多い。後者が強いかな、丹波は。」（表1 No.7のIターン新規就農者）

第三に、彼らは「丹波」という言葉が持つブランド力を認識していたことである。今回の調査では丹波三宝と位置付けられる丹波栗や丹波大納言小豆、丹波黒大豆の栽培に携わる人はいなかったが、今回の調査協力者の三人のうち二人は有機野菜の栽培に取り組んでおり、彼らは丹波市で農業を行う中で丹波のブランド力を実感していた。

「産品に丹波と付くのは強みだと思っている。今後は僕ら次第。話を聞いていると、別に有機でなくても普通の農家さんの野菜を食べさせてもらっていても美味しい。丹波市の農家の一人一人のレベルが高いと思う。気候もあると思うが、勉強家が代々続いていて、良いものが出ていたから丹波というブランドがあると思うので、それを維持するのも上げるのも下げるのも自分たち次第かなと。」（表1 No.10のIターン新規就農者）

ただし、次の言葉からもわかるように、丹波のブランド力には、丹波国にルーツを持つ京都府内の町村や隣の篠山市も含まれており、「丹波市」だけではなかった。

「丹波に対して、野菜が美味しいというイメージを持たれている方が多いので、ブランド力はあると思う。ただ京都と思われる人が多い。京野菜と丹波野菜が一緒だと思われているお客さんが多いので、丹波市としてはどうなんだろう。」（表1 No.7のIターン新規就農者）

プレイス・ブランディングを考えていく上では、この点が大きなポイントになるだろう。次節では、プレイス・ブランディングの視点で、更に分析を進めていく。

3　プレイス・ブランディング・サイクルを用いた丹波市農業の分析

丹波市において、このプレイス・ブランディング・サイクルは回っていくのだろうか。そこで、プレイス・ブランディング・サイクルから場所の感覚、交わりの舞台としての場所の範囲、イメージの拡散という3つの視点を用いて、丹波市の農業を分析していく。

丹波市における場所の感覚

何もないとされた直島においてサイトスペシフィックワーク[(8)]を確立させ、現代アートの聖地にした福武の例からわかるように、物理的空間は意味を与えられて初めて場所になる。では、丹波市において、誰がどのような意味を見出しているのだろうか。2016（平成28）年に丹波市においてIターン新規就農者（表1 No.7）は次のように語る。

「ここは笛路村というんですが、この景観がすごく気に入っていて、いつかここに住めたらいいなと思いながらシェアハウスに住んでいた。（中略）移ってきてから農業にだんだんシフトしていったんです。ここの村に実際に住んでみて、すごくいいところで、景観は言うことないが、村の人も良い人たちばかりで、このままこの村で暮らしていきたいという思いが強くなった。一方で、村は13世帯しかなくて高齢化が進んでいて、僕が気に入っている景観もどこまで維持していけるかというと正直なところ、厳しい状況。今後も、このきれいな村を保っていくためには、僕が主体的に村に入っていく必要があるなと。」

この新規就農者の言葉から、丹波市の小さな集落が持つ景観に意味を見出し、それが集落への移住と新規就農という形につながったことがわかる。農業を入り口に自然と関わりながら、集落全体をブランディングしたい、ということも述べており、丹波市での重要なアクターとしても位置づけることができるだろう。

丹波市に魅力を感じたのは彼だけではない。同じくヨソモノとして、菓子の原材料の地であることを通じて、丹波市に場所の感覚を感じ取る企業がある。江戸時代の京都にルーツを持ち、１９０９（明治42）年に大阪で創業した菓子製造業の株式会社中島大祥堂（以下、中島大祥堂）である。大阪府八尾市に本社をおく同社は、お菓子の素材や原料が豊富にあるだけでなく、水や空気がきれいな里山である丹波市に日本の原風景を感じ、２００１年に焼き菓子を主に製造する工場として丹波工場を竣工した。それ以降、丹波市との関わりをスタートさせている。それまでは企業間取引でのＢtoＢをメインにビジネスを展開してきた同社であったが、自社のブランディングを考えていく中で、２０１５年に丹波市柏原町に中島大祥堂丹波本店という洋菓子店を開いている。洋菓子店は丹波市で感じとった場所の感覚から「里山の素朴で上質な生活感の体験」をコンセプトに、築１５０年になるかやぶきの古民家を移築した店舗となっており、丹波栗１００％のモンブランクリームを使ったモンブラン「かやぶき」は遠方からもわざわざ足を運ばせる人気商品となっている。その他にも、この地の素材を使った生菓子を中心に、丹波工場で作られた焼き菓子の他に丹波市の地酒や地元職人が作る木工品も積極的に扱っており、同市の強力な発信拠点のひとつとなっている。また、併設するカフェは地域のコミュニティ拠点ともなっており、平日は地元の人に愛用されている。

同じく、丹波の里山に意味を見出すのが丹波市に本社をおく株式会社やながわ（以下、やながわ）である。明治25年に創業した歴史ある同社のホームページには以下のような言葉が述べられている。[23]

「地球という星の中に「日本」という感性豊かな伝統文化の麗しき国の風土がある。日本と言う国の中に「丹波」という美味《うま》し産物を育む誇り高き地域の風土がある。そして丹波という地域の中に「夢の里やながわ」と言う丹波に生まれ丹波と共に生きる店の風土がある」

同社が「美味し産物を育む誇り高き地域」である丹波の地を非常に大切にしていることがわかるだろう。やながわは、丹波で収穫された特産物・農産物にこだわった和洋菓子を製造・販売しており、特に丹波栗を使った和のモンブランは関西圏の百貨店においても高く評価されている。丹波市内にある小売店舗「夢の里やながわ」も中島大祥堂丹波本店と同じくカフェを併設し、丹波市の発信とコミュニティを兼ねる拠点となっている。

丹波における場所の範囲

先述した通り、プレイス・ブランディングの単位は可変的である。というのも、物理的空間をどう切り取り、そこに意味を見出すかはアクターによって大きく異なるからである。行きつけのカフェにあるお気に入りの椅子に特別な意味を感じる者もいれば、瀬戸内海という内海に意味を見出す者もいる。だからこそ、自治体単位で決めつけることなく、柔軟に場所を考えていく必要がある。

今回の調査では、古い歴史を持つ「丹波」という言葉に圧倒的なブランド力があることがわかった。アーカーと並び称されるブランド論の大家であるケラーによると、ブランド知識には、ブランド認知とブランド・イメージがある。[11] 関係者へのヒアリング調査やインタビュー調査から丹波は関西圏だけでなく関東や東北の人たちにも知られているという意見が聞かれた。その意味で、「丹波」はブランド知識の基盤となるブランド認知を全国的に得ており、例えば、同じ小豆でも他の地域よりも高い価格で取引されていることや百貨店から引き合いがあることからも、強くて好ましいブランド・イメージが形成されていることがわかる。

ただし、多くの人が捉える丹波は、丹波国から来るイメージであり、そのため、丹波といえば京都というイメージも非常に強いことがわかった。京野菜と丹波野菜が一緒だと捉える消費者が多い、という新規就農者の意見からもわかるように、消費者にとっての丹波はより幅広いものであるという認識が重要である。丹波市との関係で２０１９年に市名変更する隣接の篠山市だが、その本質的な関係は丹波国の中での丹波市と篠山市である。だからこそ、対立ではなく丹波ブランドを強化するような地域間連携を見出していく必要があるのではないだろうか。

丹波市におけるプレイス・イメージの拡散に向けて

農業や林業で成り立っていた丹波市において、有名な観光地は少なく、その意味で丹波市という場所に帰属する固有のコンテンツは少ないと言われる。ＳＮＳのひとつとして注目されているインスタグラムを見ても、丹波市に関する投稿は少なく、イメージの拡散においては多くの課題が残されていることがわかる。(9)

かといって、流行語にもなった「インスタ映え」する直島を真似ようと、現代アートの作品を設置することがその場所に帰属する固有なコンテンツを作ることではない。プレイス・ブランディング・サイクルを説明する際、コンテンツは有形なものだけでなく、無形なものもあることを述べた。無形なものであっても、「その場でしか体験できない」という点でその場所に帰属する有力なコンテンツとなりうる。その意味で、中島大祥堂丹波本店や夢の里やながわのカフェで、丹波市産品を用いたスイーツを食べることも、その場でしか体験できないコンテンツであることがわかるだろう。

この発想を広げるならば、丹波市ならではの固有のコンテンツとして、農業体験もしくは里山体験が十分になりうることがわかる。ここでは、新潟県南魚沼市にある里山十帖を紹介しておきたい（図5）。『自遊人』という雑誌を発行する株式会社自遊人が運営する同施設は「真に豊かな暮らし」を提案・発信することを目的にしたライフスタイル提案型の複合施設である。廃業した温泉旅館をリノベーションした宿泊施設のほか、有機栽培による魚沼産コシヒカリを育てる農作業体験など全部で10のテーマに基づいたプロジェクトで構成されている（図6）。特に、12室しかない部屋のデザインがすべて異なる宿泊施設の館内にはデザイナーズチェアをはじめとしたデザイン家具や現代アート作品が館内に散りばめられ、新しい古民家の暮らしを提案するものとなっている。この宿泊施設で使われているデザイナーズ家具は、併設の店舗で販売されており、宿泊の間に使ってみて、気に入ったら買えるという、他にはない独自の仕組みとなっている。里山十帖は現代的な里山ライフスタイルを体験できる場所として注目を集めており、そこでの体験がプレイス・イメージの拡散へと自然につながっているのである。

丹波市におけるプレイス・ブランディングの課題

以上、プレイス・ブランディング・サイクルから、丹波市の農業の可能性を見てきた。農産品における丹波のブランド力は高く、しかも、同市において場所の感覚を感じとる人々がおり、彼らは積極的にアクターとして動いていることがわかった。ただし、それらはまだ芽が出ている状

図５　里山十帖の外観（提供：自遊人）

図６　里山十帖での農業体験の様子（提供：自遊人）

態であり、イメージの拡散には至っていない。農業がその地ならではのコンテンツとして育つかどうか、そのための交わりの舞台として、丹波市内でのアクターの動きがいかにつながるか、によってプレイス・ブランディングの可能性が高まると言えるだろう。

丹波市においても、現在、積極的なブランディングの取り組みが行われている。丹波市産品として戦略的に位置付けられている丹波三宝においては、「丹波大納言小豆ブランド戦略推進会議」や「マロンでマロン会議」などが動き出しており、産品のブランド化に向けて本格的な取り組みが見られる。

ただし、プレイス・ブランディングの視点から見ると、モノのブランディング以上にコトのブランディングが求められているのではないだろうか。特にモノとしてもブランド力のある丹波市産品から作られたスイーツを地元で食べるというのは、丹波市という場所に帰属するコンテンツの1つであり、その意味でも、丹波市農業から新たな固有のコンテンツが生まれる可能性は高い。特に、同市において歴史を持つ有機農業は、今後も新しい展開が期待できるのではないだろうか。

今、体験型農業ファームが注目されている。伊賀の里モクモク手作りファーム（三重県伊賀市）や、白ハト食品工業が運営するなめがたファーマーズビレッジ（茨城県行方市）は、遠方からも多くの人を惹きつける体験施設となっている。こうした動きは、農業においてもモノではなく、コトにより可能性が広がってきていることを示している。先述した里山十帖のように、丹波らしい農業や里山ライフスタイルを体験するための上質な場所が、丹波市という場所に帰属するコンテンツとして育っていくのではないだろうか。

4　地方創生とプレイス・ブランディング

本章では、強いブランド力がありつつも課題を抱える丹波市の農業をプレイス・ブランディングの視点から見てきた。その結果、プレイス・ブランディング・サイクルに乗る可能性はありつつも、プレイス・ブランディングにおける単位の問題やプレイス・イメージの拡散において課題が見られることがわかった。しかし、ブランディングは双方向的で進化的なプロセスであり、決して止まることはない、との指摘がある。[7・10] 丹波市での躍動的な農業に関する動きは、このサイクルを回していく上での大きな可能性を秘めているかもしれない。ということで、最後に丹波市が取り組んでいる農《みのり》の学校について紹介しておきたい。

市島有機農業研究会の歴史を持つ丹波市では、2008（平成20）年より「丹波市有機の郷づくり推進協議会」を設立し、有機農業の振興に取り組んでいる。実際、新規就農者の約4分の1が有機農業を目指していると言われるほど有機農業へのニーズは高まっている。[10] しかし、有機農業は通常の農業よりも高い技術力が求められる上に販売ルートの確保が難しい。そこで、同市では有機農業について学べる「農の学校」を開校すべく、今、その準備を進めている。有機野菜をはじめとする様々な有機食材は世界的にも潜在力があるとされ、国内でも安心・安全を求める消費者の声は年々高まっている。しかも、丹波市は有機農産品の長い歴史もあり、多くのIターン新規就農者を惹きつけていることがわかった。有機農産品というモノではなく、有機農業というコトが同市に帰属する固有のコンテンツとして、観光も含めた、同市のブランディングの可能性を広げてくれるのではないだろうか。

人文主義地理学の大家であるレルフによれば、没場所性とは「どの場所も外見ばかりか雰囲気まで同じようになってしまい、場所のアイデンティティが、どれも同じようなあたりさわりのない経験しか与えなくなってしまうほどまでに弱められてしまうこと」とされる。[19]没場所性とは、日本のロードサイドに見られるような、どこにでもある愛着の持てない風景であり、その流れの中で人口の流出も簡単に起こるのである。そのような場所が増えつつあるからこそ、プレイス・ブランディングの重要性は高まっているのである。

日本は過去にも移住政策を行ってきたが、その多くは高齢者層を中心に据えたものであったと言われる。[17]実際、定年退職後の第二の人生としての高齢者層の移住へのニーズは高いが、近年では、20代で地方移住に関心がある人の割合が高まっている。東京在住者を対象にした地方移住への関心を調べたトラストバンクの調査によると、20代の「（移住を）既に決めている」「（移住を）現在検討している」人の割合は26％と、他の世代よりももっとも高いことがわかった。[18]また、「移住後の働き方については、「（企業や自営業など）独立して働きたい」が30％ともっとも高く、他の年代を10ポイント以上離している。こうした意志を持った若者は、自分たちで場所を選ぶ。有機農業に可能性を感じる若い人たちがこの地を選ぶような動きを起こせるかどうかが、丹波市のプレイス・ブランディングに求められているのではないだろうか。

本章では、丹波市の農業におけるプレイス・ブランディングの可能性について論じてきた。そこで言えるのは、産品のブランド化ではなく、場所に帰属する固有のコンテンツとしての農業のあり方である。ただし、この考え方は新しく、その意味で試論とも言える。また、プレイス・ブランディングの単位としての丹波と丹波市というブランドのあり方については、認知調査も含め、量的な調査データの分析も必要であろう。今後も大きく変化を重ねる場所として丹波市での調査を続けていく必要がある。

注

（1）日本社会調査国立社会保障・人口問題研究所による推計

（2）例えば、文献［4］［9］［10］。

（3）直島におけるプレイス・ブランディング・サイクルの分析に関しては、文献［22］を参考のこと。

（4）分析手続きは、文献［20］に従っている。

（5）丹波市による集計。

（6）令制国とは、奈良時代から明治時代までの日本国内の地方行政区分（国）のことである。

（7）インタビュー調査は丹波市の協力のもと、2017年7月5日と13日に行われている。

（8）サイトスペシフィックワークとは、アーティストや建築家を招いてその地の特性を生かして作成してもらう作品のことであり、この時に展示された前衛芸術家の草間彌生『南瓜』は直島を象徴する作品となっている。また、この手法で直島を活性化させた福武の手法は世界的にも注目されている。

（9）　インスタグラムにおいて「#丹波市」にて検索した。

（10）　一般社団法人全国農業会議所が２０１６年８月に実施した調査によると、新規就農者の20・８％が全作物で有機農業を、５・９％が一部作物で有機農業を行っていることがわかった（『新規就農者の就農実態に関する調査結果——平成28年度』より）。

参考文献

[1] Anholt, S. (2004) Nation-brands and the value of provenance, in Morgan, N., Prichard, A., Pride, R. eds., *Destination Branding: Creating the unique destination proposition*, 2nd ed., Elsevier, pp.26-39.

[2] Ashworth, G., Kavaratzis, M. (2009) Beyond the logo: Brand management for cities. *Journal of Brand Management*, **16** (8), 520-531.

[3] Campelo, A., Aitken, R., Thyne, M., Gnoth, J. (2014) Sence of Place-The Importance for Destination Branding. *Journal of Travel Research*, **53** (2), 154-166.

[4] Dinnie, K. (2004) Place Branding: Overview of an Emerging Literature. *Place Blanding*, **1** (1), 106-110.

[5] Gnoth, J. (2002) Leveraging export brands through a tourism destination brand. *Journal of Brand Management*, **9** (4-5), 262-280.

[6] Hanna,S., Rowley, J. (2008) An analysis of terminology use in place branding. *Place Branding and Public Diplomacy*, **4** (1), 61-75.

[7] Hanna, S., Rowley, J. (2011) Towards a strategic place brand-management model. *Journal of Marketing Management*, **27** (5-6), 458-476.

[8] Kavaratzis, M. (2004) From city marketing to city branding: Towards a theoretical framework for developing city

brands. *Place Branding*, **1**（1）, 58-73.

［9］Kavaratzis, M.（2005）Place Branding: A review of trends and conceptual models. *Marketing Review*, **5**（4）, 329-342.

［10］Kavaratzis, M., Hatch, M. J.（2013）The dynamics of place brands: an identity-based approach to place branding theory. *Marketing Theory*, **13**（1）, 69-86.

［11］Keller, K. L.（2003）*Strategic Brand Management*, Prentice-Hall.（恩蔵直人研究室訳（２００３）『ケラーの戦略的ブランドマネジメント――戦略的ブランドマネジメント増補版』東急エージェンシー）

［12］Kemp, E., Childers, C. Y., Williams, K. H.（2012）Place branding: creating self-brand connections and brand advocacy. *Journal of Product & Brand Management*, **21**（7）, 508-515.

［13］小林哲（２０１６）『地域ブランディングの論理――食文化資源を活用した地域多様性の創出』有斐閣

［14］同上、41～42頁

［15］Kotler, P., Gertner, D.（2002）Country as brand, product, and beyond: A place marketing and brand management perspective. *The Journal of Brand Management*, **9**, 249-261.

［16］小柳真二（２０１６）「地方部における移住・定住促進策の背景・現状・課題――九州地方の事例」地学雑誌、１２５（４）、５０７～５２２頁

［17］空閑睦子（２００８）「わが国における交流・移住政策――交流・移住による地域活性化のための基礎研究――」CUC policy studies review, **19**, 53-69.

［18］日経ＭＪ（２０１７年８月23日版）「地方移住に「関心ある」、東京の20代、半数超え、シニア世代上回る」、トラストバンク調べ、11頁

［19］Relph, E.（1973）*Place and Placelessness*, Pion.（高野岳彦・石山美也子・阿部隆訳（１９９９）『場所の現象学――没場所性を超えて』筑摩書房）

［20］西條剛央（２００７）『ライブ講義　質的研究とは何か（ＳＣＱＲＭアドバンス編）』新曜社

[21] 首相官邸ホームページ「まち・ひと・しごと創生」https://www.kantei.go.jp/jp/headline/chihou_sousei/（２０１７年11月2日閲覧）
[22] 徳山美津恵・長尾雅信・若林保宏（２０１７）「地理学的視点を取り入れたプレイス・ブランディング・モデルの可能性―瀬戸内ブランドからの検討」日本マーケティング学会カンファレンス２０１７プロシーディングス、１７３〜１８４頁
[23] やながわホームページ https://tamba-yanagawa.co.jp/yanagawa-co（２０１７年11月30日閲覧）
[24] 有機の里・丹波ホームページ http://yukinosato.com/modules/pages/index.php?content_id=2（２０１７年11月2日閲覧）
[25] 若林保弘・長尾雅信・徳山美津恵（２０１８）『プレイスブランディング』有斐閣
[26] Warnaby,G., Medway, D. (2013) What about the place in place marketing? *Marketing Theory*, **13** (3), 345-363.

本章の執筆に際し、取材にご協力頂きました丹波市関係者の方々に深く感謝申し上げます。なお、本研究はＪＳＰＳ科研費 JP17K02105 の助成を受けたものです。

第六章　地域資源・産品の知識から考える縮小とその共有化と継承への課題

香坂　玲

1　人口数の議論の陰で「知識」はどうなっているのか

我が国では、生産現場の縮小によって引き起こされる里山の荒廃を巡って、「消滅可能性自治体」といった言葉に代表される危機の言説がある一方で、「田園回帰」といった言葉に象徴される再生の言説も存在する。悲観論と楽観論と異なるものの、どちらも「人口」（と人口再生産力）を主眼としている点では共通する。

また、地域社会の「知識」とその継承についても、人口の議論と対をなす形で、楽観論と悲観論が奇妙に共存する。まず楽観論として、情報通信技術（ＩＣＴ）や人工知能（ＡＩ）の有効活用によって、長年の経験や勘に基づくコツやノウハウといった暗黙知も権利化やマニュアルの形式知となって継承されるといった議論、あるいはAgriculture 4.0といった言葉に代表されるような

図1　Agriculture 4.0 に関する広告（ドイツの例）
「誰もがエコノミー 4.0 について話している。我々（チューリンゲン州）はアグリカルチャー 4.0 さえも（話している）。」（チューリンゲン州広告：フランクフルト空港にて）

革新的農業の実現を示唆する議論がある（図1）。

その一方で、里山の衰退、耕作放棄地の増加によって、これまで地域社会で培われてきた知識が失われているという悲観的議論が存在している。実際、社会生態系学的生産ランドスケープ（SELPS：Socio-ecological Production Landscapes and Seascapes）とも呼ばれる、人間の営みと生態系との相互作用によって形成・維持されてきた里山や田園の景観が損なわれることは、それに関連する幅広い伝統知識の喪失につながる。景観の荒廃や耕作放棄地などの現象に目がいきがちだが、圃場の中での棚田や垣を築く技術などから文化的祭礼に関わるものまで、地域に織り込まれていた知識も同時に失われている点も見逃してはならない。

人口にせよ、知識にせよ、楽観論か悲観論かの対立軸は、当事者を置き去りにした言説となりかねない。特に、実証的な知見を欠いたままのイメージや、現場を踏まえない統計には危うさが伴う。

そこで本章では、地域の産品、知財に着眼しながら、伝統と革新が関わる「知識の継承」のあり方を議論する。具体的には、里山に関わりの深い養蜂、シイタケ生産を題材として、実証的なデータを踏まえ知識継承の現状を考察し、継承の方法として、日本では２０１５年にスタートした地理的表示保護制度（ＧＩ：Geographical Indications）などの知財制度を取り上げる。最終的には、知識の消失とイノベーションを鑑みながら新たな知識の継承の可能性について議論をする。

危機と楽観の言説のはざまで

前述したように危機説と楽観説のいずれも人口を主眼としている点では共通しているが、所得の向上と出生率の低下の関係性については、マルサスやドイツ歴史学派のブレンターノなどが世紀を遡って議論をしてきたテーマである。同時に既に都市と田園での在住が寿命に与えた影響なども議論されてきた[16]。

ただし本章では、人口減少を引き起こす要因の解明ではなく、主に日本の地域で縮小する生産現場について、生産に関わる知識の伝承と喪失という軸でその影響を読み解き、今後の方向性を議論する。

現代社会の典型的な危機の言説の大筋としては、縮小期にはこれまでの仕組みが立ち行かなくなるので、何か行動を起こし、変革（例えばインフラの再編を含むコンパクトシティ化）を促す必要があるといった流れである。確かに、座談会でも議論されているように、人口の絶対数や、生産農家の数（自家消費農家を除くなど多少の用語の変遷を考慮しても）は減少傾向が続いている。一方で、林業について言えば、絶対のパイ（林業従事者数）の減少は続いてきたものの、木材自給率は回復し、従事者の高齢化に歯止めがかかり、縮小に底打ち感が出ているといった変化も起きている。[13]また都市から農山村への移住についても、後述する調査結果が示すように、移住願望は上昇傾向にある。

そもそも、機械的な統計や総数ばかりに目を奪われていると、都市や地域社会で起きている価値観や知識の変化を見落とすことにもなりかねない。絶対的な人口は減りながらも、若い世代の移住者や後継者が現れる地域も存在しており、「田園回帰」の言葉に代表されるように、総数の減少が必ずしも、そこで暮らす人々や都市部の人々の価値観を反映しているとは限らない。

実際、数字の上でも２００５年と２０１４年に実施した都市住民の農山村地域の定住願望調査が示すように（図2）、農山村地域への定住願望を抱く人の割合は上昇傾向にある。年代別の傾向でも、20歳代から低減しながら、定年退職を控えた50歳代で再び少し高くなる傾向が出ている。

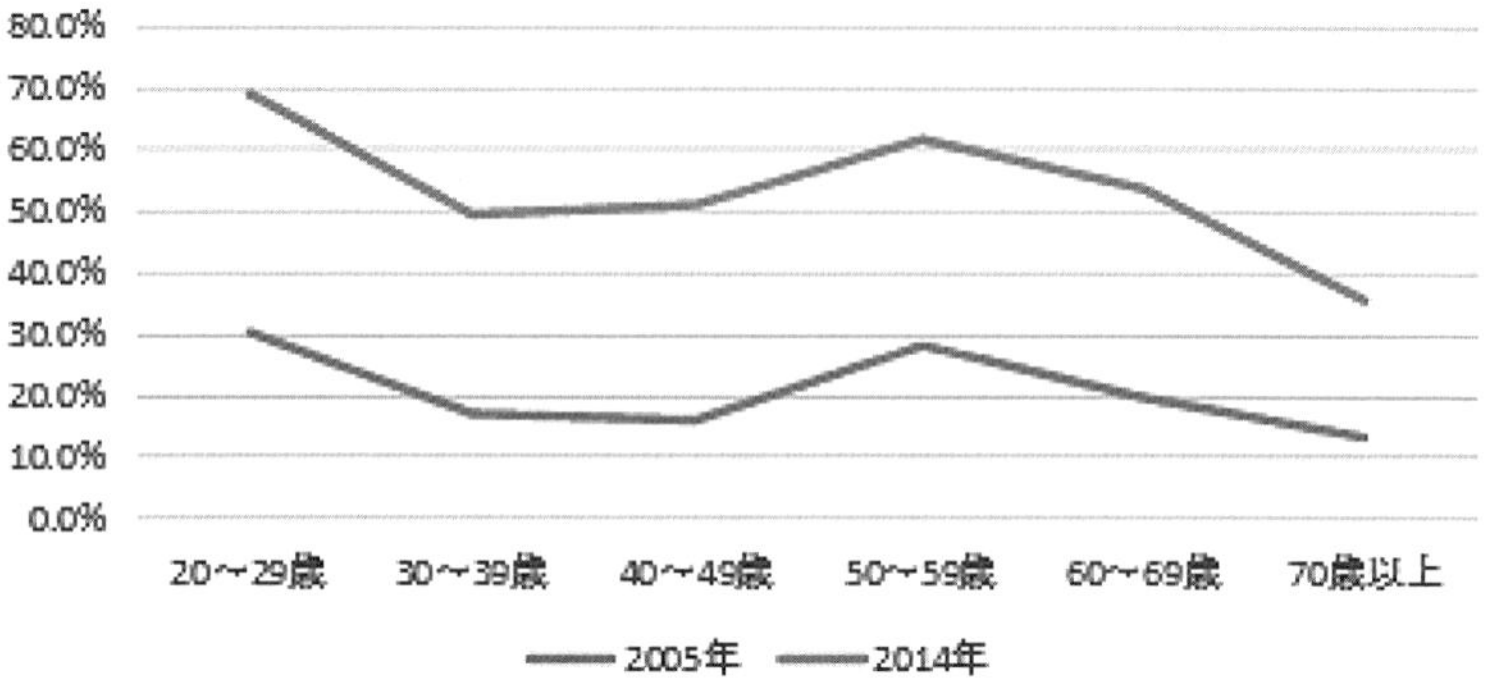

図２　農山漁村への定住願望の傾向[10]
「ある」「どちらかといえばある」と回答した割合。

経済的な変動を経てもなおこの傾向が当てはまるのか、より長期的な視座で見る必要はあり、また願望レベルなので実際の移住に結びつくかどうかは未知数ながら、価値観の変遷の兆候を示す数字となっている。特別な農林産品や観光資源等がある地域というよりは、目立たなくとも人が長く住み続けた歴史を感じさせる農山村の価値を見直す動きも活発化している。[1]

知識継承の方法

また縮小期には、人口数だけではなく、景観や生産と密接に結びついてきた知識の消失にも同様の危機的な言説が存在する。同時に縮小への対応として、ＩＣＴ、ＡＩの有効活用、植物工場型の農業などの技術革新、イノベーションが、やや楽観的に取り上げられることもある。確かに、農地法の規制緩和や制度改革などが図られ、事業者の参入などによる農業経営の大規模化、あるいはドローンや衛生技術を活用した作業、最先端のＡＩや

ＩＣＴ技術を活用した管理技術などが現実のものとなりつつある面はある。またゲノム編集などの遺伝子技術が品種改良に大きな影響を及ぼすと予想されている。今後、そのような現段階で実験的に実施されている外部から与えられる技術の活用が実用化され、普及していくとしても、数の上では多数を占める地域に存在する資源の知識の共有化という、より内発的なプロセスの理解が求められている。

本章では、冒頭で述べたように、地域資源としての産品とその「知識」を着眼点として、試論の展開を試みる。なぜ知識に着眼するのか。ひとつには耕作放棄や縮小による里山や農村景観の荒廃は、いわば「目に見える危機」であるのに対し、土地とともに存在してきた関連する伝統的な知識の喪失はあまり注目されない。知識が喪失されてしまうと、仮に道具や遺伝資源が物理的に保管されていても、道具の使い方、作物の育て方、祭礼の意味が分からず、地域の再生などは難しくなる。知識の喪失は、景観などと同等ないし、より深刻な事態ともいえる。実際に近年の農具の研究で、道具自体は多くの自治体で乱雑ながら収納・保管されているものの、関連した伝統的知識の喪失が示唆されている[2]。

そこで、より具体的な知識継承、共同体をつなぎもどす方策に関しては、商品と場をつなぐことによって地域活性化に貢献し得る比較的新しい知財制度として、「地域団体商標」や「地理的表示」などの産品認証制度に注目する。こうした制度の活用により、地域が自らの地域資源（並びにその名称）を一定程度共有化する形で、商品やサービスを提供する試みが既に実践されており、その仕組みを見ていく。

地理的表示等の商品レベルの認証を通じて、各地域それぞれの自然からの恵み、いわゆる生態系サービスを活用しようとする動きがある。そのプロセスでは、生態系から恩恵を得る方法として、生産や環境維持の手法に関連する知識がやりとりされている。特に人口面での縮小期においては、後継者不足により、専門的な知識を有する高齢者が知識を伝達しないまま亡くなってしまい、知識が消失してしまうリスクが高まっている。従って、どのような知識が、どのように伝達されているのか理解することによって、制度や技術の活用を含めた知識伝達のあり方を再考する必要がある。

そこで本章では、養蜂、シイタケ生産を事例としてローカルな仕組みにおける知識伝達のあり方について考察したうえで、地理的表示の認証を題材として知識継承の方策ともなり得る知財制度の現状と課題について議論する。なお、後述するように地理的表示は、特定の地域の風土や歴史、社会とつながりがある産品の生産の工程管理、品質、エリアについて国などに公的に登録ができる制度となっており、いわば商品と場をつなぐ制度ともいえる。

以下では、第2節にてポランニーの「形式知」、「暗黙知」という質の異なる知識によって生産されている産品を対象に議論を展開し、次に第3節にて、形式知を主体とした知識継承にも貢献し得る知財制度として地理的表示の概要について紹介し、最後に第4節において、知識の質的な違いを踏まえた継承の方向性について議論する。

2　縮小期の知識の伝達と生産

本節では、縮小期の産品生産をめぐる知識伝達について、具体的にシイタケ生産[7]、養蜂[15]などの既存研究を基に農林業や畜産の分野でノウハウ等の知識が、世代間や新規参入者を含めて、どのように伝達されているのか、そのプロセスの変革という点に注目し、縮小期の生産現場でのプロセスを分析する。

結果として、古典的な養蜂では、高効率の生産を支え得る知識が家族や親族でいわば「閉じられて」いる実情が解明された。今後、様々な技術の活用を含めて、どのように知を開いていくのかもひとつの課題であることが明らかとなった。

次に、シイタケ生産では、具体例として能登半島の「のとてまり」を取上げ、新たな産品が導入されたときに、関連する知識（この場合は干しシイタケ）を持つ生産者と新規参入者との間で、知識伝達の経路にどのような違いがあるのかを分析した。そのプロセスで、知識伝達の経路や知識を求める先なども、新旧ともにダイナミクスに変化しながら、より高い生産性を求めている実像が明らかとなった。

養蜂を事例とした知識の質と生産

調査地は、蜂蜜の生産が日本で最も多い長野県である。盆地を取り囲むように山々が連なる長野では、蜂を低地から温度の異なる高地に運ぶことによって、養蜂を比較的長い期間行うことができる。

具体的な調査としては、長野県の養蜂家協会の会員に質問票によるアンケートを依頼し、個々の養蜂家の養蜂業に関する情報のチャネル（親、親戚、友人、独学等の知識を得た対象）と生産性を調査した。調査期間は、２０１７年の2〜3月。調査に先立ち、２０１７年1月に開催された年次総会で、この研究の目的と内容を対象者に直接説明した。

アンケート回収後に得られた調査結果を、養蜂の情報チャネルと生産性の関係に焦点を当て、統計的解析手法を用いて分析した。例えば、両親・友人を含む養蜂に関する情報源と養蜂家が有する群数の関係を調べた。具体的分析手法としては、統計解析手法であるカイ二乗検定（以下、検定）を用い、情報源と生産性の関係についていくつかの指標に着目し、統計的に意味ある差の有無を検定した。(1)

今回の調査では、長野県の養蜂家協会の会員２８０名全員にアンケートを送付し、１５３人から回答を得た。年齢代別の回答者割合については、回答者の半数以上（51％）が70歳以上であった。長野の高齢化率は比較的高く、そもそも上昇傾向にある全国平均をも数％上回っている。また、日本の農村部の世帯主は大半が男性であり、回答者の94％が男性であった。

個々の指標による分析のために、前述の通り、例えば、指標1）群数について、（ⅰ）中央値よ

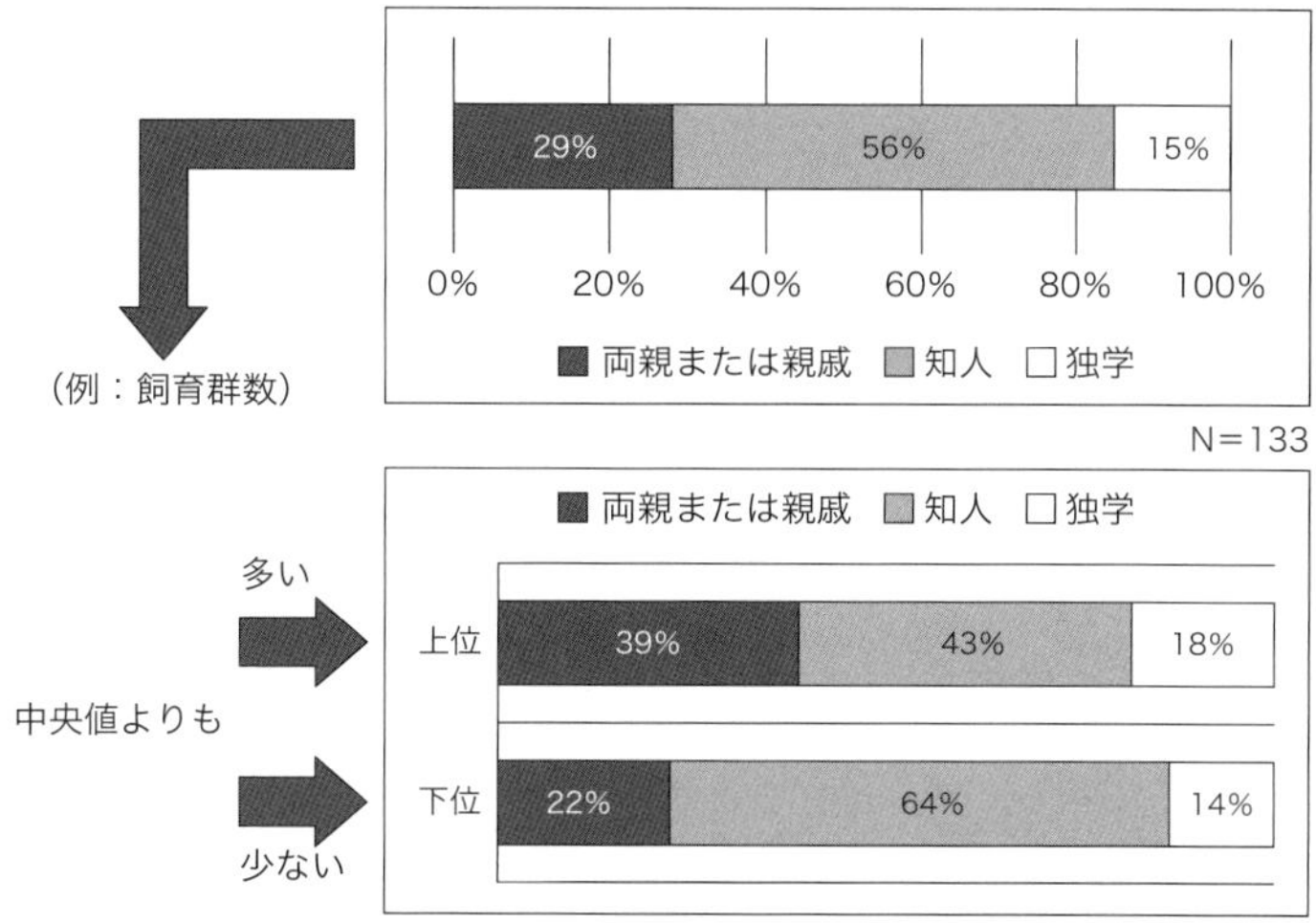

図３　飼育群数と情報源の関係性[15]

りも多くの群を有する回答者群と、(ⅱ)中央値よりも少ない群を有する回答者群というように分類をし、以下では、前者のグループを「上位グループ」、後者を「下位グループ」と呼ぶ。両親や親族、友人、独学(書籍やウェブページ)を含む各情報源から養蜂に関する知識を得た回答者の割合を図3の上部に示し、指標(例：群数)についての上位・下位グループにおける各情報源から知識を得た回答者の割合を図3の下部に示す。

養蜂の知識の質と生産の関係性

検定によって、次頁で述べる指標1)〜4)において、異なる情報源から知識を得た回答者の割合が、上位グループと下位グループの間で統計的に有意に異なることが示された。指標5)については、有意差はみられなかった。

結果について以下に詳述する。

指標1)（群数）については、両親や親族から養蜂の知識を得た回答者の割合と、独学者の割合は、上位グループが下位グループよりも高かった。この結果は、両親から知識を得た養蜂家と独学者が比較的多くの群を所有する傾向があることを示している。その他の傾向は注に示す(2)。

指標2)（家計所得における養蜂の割合）の分析の結果、家計所得に占める養蜂所得の割合は、養蜂に関する情報源によって異なることが明らかとなった。独学の回答者は、家計所得に占める養蜂の割合が比較的高かった。両親または親族から養蜂の知識を得た回答者は、群数は比較的多く有するが、所得に占める養蜂の割合は上位グループと下位グループで同等であった。親や親戚から知識を得ているケースでは、家計を養蜂に特化する傾向が比較的少ない可能性がある。

指標3)（養蜂の経験年数）、4)（知識獲得後の経過年数）の分析結果の傾向は類似しており、養蜂の経験年数と関連知識を得た後の年数は、情報源と関連していることが示された。両親や親戚から知識を得た回答者は、経験年数・知識を得た後の年数が長い傾向にあった。これらの結果は、両親や親戚が養蜂家である回答者は、より若い年齢で関連知識を利用できる可能性を示唆している。

指標5)（生態系に対応した工夫の実施経験の有無）の分析結果については、他の指標とは異なる傾向を示している。両親や友人といった情報源の差異とは、関係がないことが統計的に示された。この結果は、生態系に対応した工夫は、全ての回答者が実施している可能性を示している。

養蜂に関する知識共有への考え方を質問した質問（6）では、回答者の81％が自身の知識の共有を望んでいた。この結果から、長野県の養蜂家は経験に基づく知識を共有する傾向があることが示唆された。

指標1)〜5)の分析結果により、情報源は、所有する群数や家計所得に占める養蜂の割合等、養蜂の生産性に影響を与えることが示された。具体的には、両親や親戚から知識を得た回答者は蜂の群数が比較的多く、独学によって知識を得た回答者は家計所得に占める養蜂の割合が高くなる傾向にあった。しかし、情報源に関わりなく、回答者は生態系に対応した工夫を実践している傾向がみられた。その背景として、理事、地区指導者、若手世代のリーダーが年次会合の議論や会談において、ミツバチの生態環境を保全する必要性についてしばしば言及していた。彼らの親は大半が養蜂家であり、持続可能な養蜂のために健全な生態系が重要であることを理解し、それが共有されていると考えられる。

養蜂に関する知識の質と今後の展望

調査の結果から、調査対象地域の養蜂家は家族を超えて知識を共有する可能性が示唆された。養蜂知識の形式知化においては、全部ではなく、部分的に形式知化するといった対応も想定できる。人口減少と高齢化を背景に、現在の養蜂家から知識を得る若い世代が少ない日本において、受粉サービスを効率的かつ持続可能な生態系サービスとして認知し、利用するためには、養蜂家間のコミュニケーションを促進し、暗黙知を様々な形で形式知化することが必要となる。

そのため、限られたメンバー間で共有されている暗黙知を、明示的にマニュアル化した形式知に変えることは、持続可能な養蜂を促進するうえで有用であると考えられる。このことは、養蜂だけでなく部分的に農業や他の産業にも当てはまり得る。家族に後継者がいない場合、知識が失われる可能性があるため、課題の解決は急務である。例えば、日本政府は冒頭で紹介した情報通信技術（ＩＣＴ）を利用した方法として、伝統的な知識を知的財産として保護するため専門家の暗黙知を収集している。だが、暗黙知は地域に埋め込まれているという性格上、新たな技術や国レベルの施策によって知識を抽出していくことは難しさを伴う。どのようなスケール（集落、地域、国など）で知識を記録し、形式知化できるのか、また関係者が同意していくことができるのかどうかといった課題があり、知識の所有者、継承者を置き去りにしない議論の場と継承の方法構築が求められている。

暗黙知と形式知――シイタケ生産の事例における伝統と革新の相克

シイタケ生産については、能登半島の「のとてまり」のブランド化を事例として、新旧農家の生産性を比較する目的で、新規の農民が誰からどのような知識を得ているのかという点に着眼して分析した結果を紹介する。分析に際しては、比較的結びつきが強い伝統的なコミュニティでの暗黙知と、外部の専門家から伝播されるマニュアル化された明示的知識という知識の形態に注目し、どちらの知識体系がより効率的に高品質のキノコを生産しているのかを検証した。一般的には、長年の経験が蓄積されている暗黙知のほうが効率が良いという印象が根強く存在するが、同じ作物の中でも異なるものに移行した場合はどうなるのかを検討した。具体的には、全体の生産量と、高付加価値の品質ランクになる頻度を、新規にシイタケ生産に取り組む農家と従来から干しシイタケ等の生産を実施してきた農家を比較した。

能登地域とシイタケ生産の概況

調査対象地の奥能登地域は、行政区分でいえば珠洲《すず》市、輪島市、能登町、穴水町の2市2町を指している。これらの地域は能登半島の先端部に位置しており、冬は日照時間が短く積雪もあり野菜の栽培には適さない。このような気候条件の下で、シイタケ栽培は冬場の貴重な収入源として営まれてきた。昭和50年頃までは、米価もシイタケ価格も高い状況にあったため、夏場は米、冬場はシイタケというサイクルで、農家の経営は成り立つ状況にあった。大消費地から距離があるため、当時は干しシイタケとしての出荷が行われていた。その後、昭和50年代にはシイタケ農家が急速に増えていったが、中国産干しシイタケの輸入量が増加するにつれて、全国的な傾向と同様に、奥能登地域においても生産者・生産量はそれぞれ減少していった。

高齢化、人口減少も進む中でそうした状況に歯止めをかけようと、原木シイタケ「のと115」の生産拡大・知名度向上を目指して、奥能登原木しいたけ活性化協議会（以下、「協議会」）が2010年10月に設立された。各ＪＡの椎茸部会や石川県森林管理課、奥能登農林森林部、珠洲農林、各市町、(社)石川県特用林産振興会、丸果石川中央青果、(財)日本きのこセンター、ＪＡ全農いしかわ、各農業協同組合から構成される。「のと１１５」とは「菌興１１５号」という種菌を使用して、石川県内で栽培されたシイタケを指している。この「のと１１５」のブランド化をさらに進めるために、協議会はより厳しい規格を策定し、基準に則ったものだけを「のとてまり」として販売している。

協議会の主な活動内容としては、ブランド化の推進の他に、原木の確保、栽培技術の向上、消費拡大イベントの開催などがある。また、ブランド化について、奥能登地域の３ＪＡ(ＪＡおおぞら、ＪＡ町野町、ＪＡすずし)が「のとてまり」を商標登録(一般商標)した。協議会は商標の使用権を持っている。

「のと１１５」及び「のとてまり」を生産する際に使用される「菌興１１５」は、(財)日本きのこセンターが開発した種菌である。同センターは種菌を生産、管理、販売する種菌業者の１つに位置づけられる。「菌興１１５」の種菌を使ったシイタケは、他にも全国で栽培されているが、「のとてまり」のようにブランドとして定着しつつある事例は希である。同センターでは、種菌の管理・販売だけでなく、栽培技術の指導も行っており、原木シイタケ普及に向けた取り組みを続けている。

奥能登地域では、「のとてまり」の知名度が上がるにつれて、新たにシイタケ栽培に取り組む人材が増えている。協議会によると、２０１０年から２０１２年までの3年間で新たにシイタケ栽培に取り組む新規参入は29件を数えた。異業種からの就農（参入）も6件あり、このうち4件は建設業者であった。新規参入者の属性としては、若手農業者が12件となっており、その中には、30歳代の女性も含まれている。なお、ここで示した「新規参入者」以外に、もともと干しシイタケを栽培していた農家が新たに生シイタケ（のとてまり）を始めた例もある。このように、新規でシイタケ栽培を始めた人、従来からのシイタケ農家が参加する形で、協議会の運営、ブランド化の推進が図られている。

シイタケ生産に関する知識伝達

調査から、シイタケ栽培に関する知識や技術があまりない新規参入者と、従来から（乾）シイタケを栽培していた既存農家では、取り組みのスタンスに違いがあることが分かった。「のとてまり」の栽培に関しては、意外にも新規参入者が基準に合った生シイタケを生産する例が相当程度に存在していた。その背景には様々な要因が関係していると考えられるが、協議会や生産者への聞き取りから、従来からの（乾）シイタケ栽培農家は、自分のこれまでの経験と勘に裏打ちされた技術（これを本章では「在来知・技術」と呼ぶ）を用いて生シイタケ（のと115、のとてまり）生産にも取り組み、どの作業工程を省力化するかもこれまでの経験に依拠していることが判明した。

生シイタケ栽培の技術は、種菌の開発・製造元である日本キノコセンターが指導を行っている。同センターは調査・研究を目的とした財団法人であるが、種菌企業の一種であり、種菌メーカーの技術とその指導が産地の変化に大きく影響している。[11] 40年以上前から奥能登地域の農家に技術指導を行っている同センターに対する既存シイタケ農家の信頼は非常に厚い。「のと115」、「のとてまり」という規格品の生産についても、同センターのアドバイザーは頻繁に現地を訪問して農家への指導を行っており、農家との信頼関係を構築していることがヒアリングからも分かった。しかしながら、既存農家は干しシイタケ栽培で培ってきた経験を適用し、自ら省力化などの工夫を行い、それが「のとてまり」の規格にあるシイタケ生産を阻害している面がある。

一方で、新規でシイタケ栽培を始めた就農者の中から、知識や技術はないものの、「のとてまり」の栽培に成功する者が多く出てきている。これは、一見すると矛盾するが、その要因は栽培に対する姿勢にあることが分かった。新規就農者は、自ら希望して就農しているため意欲的な姿勢で、日本きのこセンターのアドバイザー等から指導を受けて生シイタケを栽培する。また、前提となる知識や技術はないが故に、アドバイザー等の助言を素直に受けて、基本に忠実に、指導された方法を順守して栽培を行っている。このことが、新規就農者が初めてのシイタケ栽培の中でブランド品である「のとてまり」「のと115」を出荷することを可能にしている。

伝統的知識（暗黙知）の課題とマニュアル化された知識（形式知）の役割

このように、従来からの知識・技術を持たない新規就農者が成功するという図式は非常に興味深い。すなわち、在来知・技術の存在が、新しい技術の導入の阻害要因となりうることを示唆している。

当初の仮説では、干しシイタケなど、過去にシイタケ生産の経験がある既存農家は、その知識を活用でき新規参入者より生産性が高いと考えていた。ところが、実際には両者に違いがなく、むしろ新規参入した農家のほうの生産性が高い例も部分的に見受けられた。在来知・技術の転用が相乗効果を生む可能性を想定していたわけであるが、高付加価値を目指す新産品の生産において、必ずしも相乗効果があるわけではないことが確認された。加えて、独自の判断で原木をひっくりかえすタイミングを変更や省略化してしまうなど、新産品を生産するには障害となる行動が報告された。

つまり両者の生産量や効率の比較から、従来の農家が持つ知識である伝統的知識が必ずしも生産量の向上や効率に結びつくわけではなく、新しい技術の習得の阻害要因にもなる可能性が示唆された。具体的には、「のとてまり」のようにマニュアル化されたキノコ生産に、過去の知識が生産量と効率で貢献せず、むしろ阻害要因となる場合が少なくないことが想定される。

少なくとも能登半島での新製品「のとてまり」については、「経験豊富な高齢の農家が、Iターンした若夫婦に秘訣を教える」という知識伝達の一般的なイメージが、必ずしも当てはまらない。むしろ、既存農家、新農家、一部事業者も参画する群雄割拠の中で、マニュアル通りの作業を着実にこなす新農家に一部優位性があることが確認された。また、生産性の全体的な傾向については、生産規模が拡大すると徐々に安定する可能性が見出された。

3　地理的表示の制度の概要
――制度化を進めるナショナルと戦略的活用を行うローカル

本章では、上述の知識継承の事例を踏まえながら、知識の継承につながる知財制度として、地理的表示に注目する。地理的表示という制度はあまり馴染みがないと感じられるかもしれないが、薩摩以外の場所で全国的に生産されているという意味で地理的表示ではないが、「サツマ（薩摩）イモ」などの語源の経緯に近いものがあり、我々の生活でも非常に身近なものである。因みに、英語のGeographical Indicationの略称から、ＧＩ（ジーアイと発音）と称されることもある。

ボルドーやシャンパンと聞くと、多くの読者はアルコール飲料をまず思い浮かべるだろう。本来は地名であるが、まず産品が想起されまでに産地と産品の結びつきが強くなったものについて、その結びつきや産品の品質を守ろうとするのが、地理的表示のそもそもの趣旨である。特定の事業者が権利化するのではなく、産地の地域内で共有財産的に保護していき、他の産地での生産や低品質の製品の流通を防ごうとするものだ。

このように地理的表示は、地域の共有財産の継承にも貢献し得る産品認証制度であると同時に[9]、産品の生産方法を「形式知」として共有する制度でもある[14]。地域の特産品などコミュニティにおいて脈々と受け継がれてきた産品は、度合いは異なるものの、いずれも地域の資源として共有されている。一方で、生産方法の多くは、「暗黙知」としてマニュアル化されずに継承されていることも多い。地理的表示の制度では、生産の知識を暗黙知として秘蔵するのではなく、生産管理工程として「形式知化」し、地域の内外にその特徴と結びつきを示す必要がある。同時に、地域内ではその知識を活用して、規定された品質基準に適合する産品が持続的に生産される体制づくりも必要となる。

以下では、商品と場をつなぐ制度であり、かつ暗黙知の形式知化にも関わる「地理的表示」について、制度の概要と活用状況について紹介する。

地理的表示の概要

地理的表示とは、もともとは原産地の特徴と密接に関係する独特の品質や社会的特性を有する酒類[3]、農産物及び食品を対象とし、その原産地を特定する表示である。ボルドーワイン、イベリコ豚、パルメザンチーズなどの欧州の産品が代表例といえる。歴史的に地理的表示の起源は、低品質の偽物が出回ったことを契機としたフランスのワインの品質保証の取り組みに遡る。具体的には、ボルドー、ブルゴーニュ、シャンパーニュ、ロワール、ローヌなどのワインの産地が、20世紀初頭に害虫で壊滅的な被害を受け、その復興の際に品質偽装が頻発したのを背景に、模倣品の抑止を目的として成立した制度である[4][12]。それを起源とする地理的表示は、ボルドーワイン、シャンパンなど、産地名が直ちに産品の特性や特徴と結びつくような事例では、国などの公的な機関が関わって、他の地域や異なる方法で生産されたものに当該産地名の使用を禁止し、積極的に保護をしていこうという制度になる。

このように地理的表示はもともと酒類を発祥とする制度であり、ＥＵで採用され、欧州、特にイタリア、スペイン、ポルトガルの南欧やフランスなどを中心に活用されている（欧州の場合は、産地との結びつきがより厳密な原産地呼称保護（ＰＤＯ）と地理的表示保護（ＰＧＩ）に分かれており、ＰＤＯ（６３３）とＰＧＩ（７３５）で合わせて１３６８件の登録がある［２０１８年3月10日現在］）。その登録産品の3割程度が米国に輸出され、続くスイス、中国、シンガポール、日本などが6〜7％程度を占めて拮抗している。

登録産品には、果実・野菜・穀類、チーズ、食肉の燻製・ハム、生肉、油脂など幅広い産品が含まれている。近年では、タイのコーヒーや米、中国の茶など欧州以外の地域においても導入が進んでおり、南米などでもＦＴＡ交渉を進めるにあたり取り入れている国が増加傾向にある。

日本における状況と制度活用

日本においても、農産品の輸出促進に関する政府の方針、日本の地名を冠する産品が他国で先に商標登録されるといった事例や偽装問題等を背景として、地理的表示保護制度の導入が決定された。具体的には、２０１４年6月18日に「特定農林水産物等の名称の保護に関する法律（地理的表示法）」が成立し、6月25日に公布された。２０１５年末に第一陣として、「夕張メロン」、「神戸ビーフ」、「八女伝統本玉露」など超有名産品と合わせて、「あおもりカシス」など全国的な知名度はさほど高くない産品も含め7産品が登録された。伝統野菜など、生産量は必ずしも多くなくとも、地域の文化資源の一つとして位置づけられる産品も登録されている。2017年11月現在、生産地の地理的な範囲や生産・加工等の基準の統一化が比較的難しい木材等の林産品以外については、農産品に加えて、「米沢牛」などの畜産品、「田子の浦しらす」などの水産品を含む幅広い産品が登録されている。[6] [8]

日本では、地理的表示の導入の10年近く前の2006年から、一定の要件を満たせば「地名」と「商品名」を冠した商標を登録できる地域団体商標という制度がある。産品名とその産地名からなる表示を保護するという点で類似している地域団体商標と地理的表示の違いは、第一に、行政の関与の度合いが異なる点である。地域団体商標では、登録の認定に重きが置かれ、登録された後の侵害に対する取り締まりや措置は、権利者である組合や団体が自ら行動を起こす必要がある。その行動としては、例えば、模倣品や違反した相手に対して裁判所に差止め請求や損害賠償請求を提起するなど法的な対応を行うことが想定される。ただし、実際に行動を起こすのは敷居が高く、地域団体商標として登録はしたものの、あまり活用されなくなるケースも多い。

他方で地理的表示の場合は、行政が品質の維持や基準の順守、地理的境界、違反への取り締まり、偽物などの紛争に積極的に関与する。この点が地域団体商標との大きな違いであり、登録した権利者の負担は減る可能性が高い。また登録するコストも、地域団体商標は10年ごとの更新のつどに「更新登録料」を支払わねばならないのに対し、地理的表示は、登録することが決定した後に「登録免許税」を一回のみ支払えば済むという制度設計となっている。

地理的表示の登録によって期待される主な効果に、商品価格の維持・上昇がある。先行的に導入している欧州では、地理的表示の保護を受けた産品と受けていない産品を比較した場合、保護を受けた産品の方が平均で1割から2割程度高い価格帯で取引されているというデータもある。スペインの羊肉生産者の分析事例では、地理的表示を受けた産品の生産者は「市場へのアクセスの改善」、「消費者からの信頼」を同制度による商業上の重要なメリットと考えている実態が明らかにされている。ただし、産品レベルではなく世界農業遺産等の地域レベルの認定制度の認定地域の経験から、登録のみでは価格向上等のメリットが得られない可能性があることが示唆されている。[5] 地理的表示登録後、登録されたことをどのように発信し、どのように地域内での取り組みに還元していくのかといった制度活用戦略が求められる。

地理的表示の課題と展望

地理的表示の保護制度は、以上のように生産者にとって複数の利点があり、消費者にも信頼できる表示を提供できるなど、一見良いことずくめにみえるが、問題もある。まず、行政側のコストの問題がある。地理的表示は、地域産業資源の品質の監視を各国の行政が行うことから、そのためのコストが必要となる。模倣品などの係争の仲裁的な活動にも行政が関わっていくと、そのコストはさらにかさむ。そうした行政コストは、結果的に国民が税金として負担することとなる。

具体的なコストは行政がどの程度の管理監督などを行うかによって異なるが、いずれにしても地理的表示保護制度が抱える課題となっている。コストの削減には、民間への委託や金融機関等の取り組みが求められている。

もうひとつは、その他の制度にも通じる制度と現場のギャップの問題がある。各地の制度活用の動きにおいては、商品の価格向上や構成員の意識変化、訪問者数の増加がみられ、成功事例とされるケースも少なくない。ただし、国や国際機関のレベルで決められることが多い制度の趣旨と、現地の生産、観光、流通などの関係者の期待や理解とは、一定程度のギャップないしは緊張関係が存在する。時間軸で長期と短期の収益のどちらに重きを置くかが異なる場合もあれば、目的の方向性に関して根本的に求めていくベクトルが異なる可能性もある。具体的には、短期的な観光客数や農産品の価格向上に偏りがちな地元と、国際的な評価や伝統的な祭礼、文化遺産などを優先する国やその制度などが両立せず、齟齬をきたす場合がある(5)。

利点と解決すべき課題を合わせ持つ地理的表示について、産品登録の具体的な事例をみると、JAが主導的な役割を担っているケースが多いが、生産者団体以外の主体との産業セクターを越えたネットワークが重要となることが分かる。特に加工、流通、新規販路の開拓、さらには着地型観光など体験や地域の独自性を打ち出す観光との融合においては、金融や地元貢献型の地域の研究機関が果たす役割も大きい。

例えば、地理的表示の登録産品のひとつである三輪素麺については、地銀が六次産業化室を設置し、地元の組合、大学、産業を結びつけることで地理的表示の登録を果たし、乾麺離れを防ぎ、産品の需要減に歯止めをかけようと努力している。このように行政、生産者の組合に加えて、企業を含む様々な主体間の連携、マッチングにより、地域において産業セクターを超えた信頼関係を構築していくことは、縮小期の地域コミュニティの再構築に資する。三輪素麺の事例にみられるように、地元の金融機関や信用組合などは異なる主体のマッチングに貢献する「縁結び役」としての役割も期待できる（拙著『農林漁業の産地ブランド戦略』[4]に具体事例が掲載されている）。

4 小括

本章では、知識の伝達・継承に着目しつつ、関連する生態系サービスの恩恵を地元全体が得られるようなローカルな仕組みづくりの手掛かりを得ることを目的として、新品種を導入したシイタケ生産と高齢化が進む養蜂の事例について考察した。さらに、産品と場をつなぐ制度であり、暗黙知の形式化知にも関わる「地理的表示保護制度」を概観し、この制度を活用した具体的な地域社会での試みを踏まえながら、セクターを超えた連携について考察した。その結果、消滅可能性、脆弱性がハイライトされがちな農山村地域の知識継承に関して、養蜂の事例のように、確かに家族的な知識の伝承が行われている場合もあることが把握された。ただし、のとてまりの事例のように、知識伝達に対する反応が新旧の住民で異なる事例もあることが明らかとなった。地域

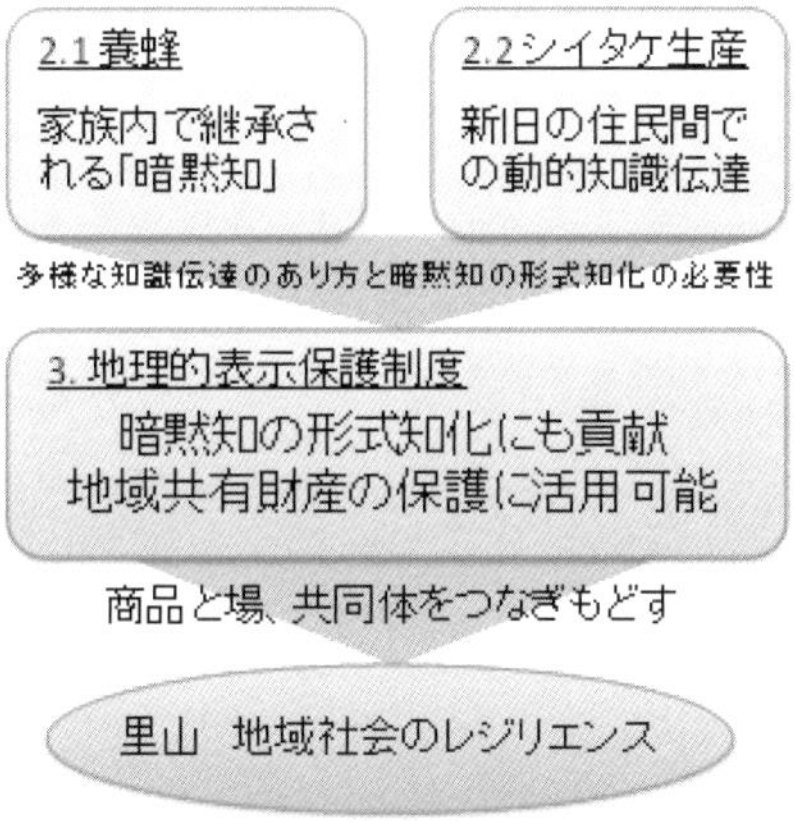

図４　本章の構成と小括

の社会と生態系によって培われた知識は、里山、地域社会の要であり、そのレジリエンスが知識の伝達や生成の側面にも反映されている可能性がある。商品と場をつなぐ制度である地理的表示は、知識伝達にも貢献することで、共同体をつなぎもどすツールとして活用し得るポテンシャルを有している（図４）。

筆者は、農水省が設置している地理的表示の推進活用に関わる委員会の他、日本商工会議所地域振興部が事務局となっている「まちづくり・農林水産資源活用専門委員会」にも学識委員として参画している。こうした委員会では、コミュニティの再生に向けて、大型商業施設と商店街の共存やコンパクトシティなどの空間的な戦略を考える街づくりと、一次産品の振興という産品レベルでの戦略をつなげていくという、極めて野心的な試みが議論され、実際に実践されている。空間的な戦略と産品レベルでの戦略がバラバラになされてきたことを反省し、新たな

可能性を見出していこうという潮流は、確実にあらわれている。(6)

各産業セクターの横ぐしやバリューチェーンにおける斜めのつながりなどは、実際に既に存在しているが、人口や生産者の減少を背景に新たな担い手の育成が待ったなしの状況にある中で、今後ますます重要となってくる。これまで第一次産業に深く関わってない事業者やセクターと、新規参入も含め、生産に参画をしている事業者とをどのように結びつけていくのかも問われている。必ずしも地理的表示の保護にこだわる必要性はないが、地域にある資源を、産品の歴史、スケール、特性に合わせて、共有の財産として守り、発信していく視点は、縮小期の地域コミュニティ再生にも貢献し得る。その際に考慮すべき知識伝達の方向性としては、関係者の合意形成のプロセスを通じた暗黙知の形式知化が鍵となる。

一般市民の意識変化について、冒頭で、居住地の選択に関する農山漁村への定住願望の調査結果を紹介したが、居住地だけではなく「産品」をめぐる意識や動向にも、生産や流通の関係者のみならず消費者を含めて変化が生まれ、地域を見直す傾向が広がりつつある。例えば、消費者の嗜好に関しては、地域の文化や環境に関わるストーリー性を求める動きが活発化する傾向にある。[3] 生産に関わる狭義の知識に加えて、地域のストーリーを含む広義の知識の継承は、消費者も主要な担い手となる。縮小を危機とする言説が広まりつつも、このように地域へと視線を向け、縮小を前提とした地域の可能性、あるいは地域社会のあり方を議論する潮流が生まれていることに今後も注視していきたい。

注

（1）データにカイ二乗検定を適用するために、指標値の高低で、2つのグループに分類した。生産性に関する指標としては、1)群数、2)家計所得における養蜂の割合、3)養蜂の経験年数、4)知識獲得後の経過年数、5)生態系に対応した工夫の実施経験の有無の5つである。分類方法については、例えば、群数に関する2つのグループは、（i）対象者が有する標準的な群数（中央値）よりも多くの群を有する回答者のグループ、（ii）中央値よりも少ない群数を有する回答者のグループとなる。

（2）友人から知識を得た回答者の割合は、上位グループが下位グループを下回ったが、上位グループにおける比較では他の情報チャネルより高い結果となった。

（3）日本の場合は、酒類と農林業産品で所轄する官庁が国税庁と農林水産省で分かれており、地理的表示に関連する法律と制度も異なってくる。

（4）フランスにおける1919年の原産地呼称や1935年に統制原産地呼称法（AOC法）が該当。

（5）例えば、棚田の景観とそれを支える知識も、文化資源、観光資源としての知名度があれば、地域と制度の目的が合致する。ただし、必ずしも観光客や産品に結びつかないような生態系サービスの受益と負担に対して、どのような時間スケールで考えるかは関係者によって異なり、享受を希望するサービスの種類（水源涵養、農産品の生産、伝統知の継承等）にも違いがある。その場合、調整役、あるいは関連する主体を結ぶ「縁結び」を担う主体の存在が欠かせない。認証に関わる、ある意味でトップダウンの仕組みと同時に、知識伝達を含む各地のローカルな仕組みの両者が、縁結び役の介在によって駆動することにより、生態系サービスの持続的な享受が可能になる。縁結び役としては、自治体、商工会議所、金融機関、ＮＰＯ、研究機関等が想定される。

（6）空間的な政略との統合に関して観光分野では、戦略や方向性を、各関係団体の意見や陳情を述べて予定調和的に決定していく「協議会方式」から、人の流れを考えた諸機能の空間配置を含めたDestination Management /Marketing Organization（ＤＭＯ）へと大きく転換している。国土交通省では、ＤＭＯを「日本版ＤＭＯは、地域の「稼ぐ力」を引き出すとともに地域への誇りと愛着を醸成する「観光地経営」の視点に立った観光地域づくりの舵取り役として、多様な関係者と協同しながら、明確なコンセプトに基づいた観光地域づくりを実現するための戦略を策定するとともに、戦略を着実に実施するための調整機能を備えた法人」と定義している。

参考文献

［1］朝日新聞（２０１８年1月4日）「この街で暮らし続けるために」（3面）

［2］川邊咲子、香坂玲、松岡光、内山愉太（２０１７）「能登半島の事例にみる農具の再利用とストック——静的な「遺物」から動的な「生きた遺産」へ——」エコミュージアム研究、21、40〜48頁。

［3］経済産業省（２０１５）『観光産業の地域経済への波及効果分析手法の検討及び地域ストーリーづくりに関する調査 報告書』

［4］香坂玲（編著）（２０１５）『農林漁業の産地ブランド戦略——地理的表示を活用した地域再生』ぎょうせい

［5］香坂玲、藤平祥孝、内山愉太（２０１６）「遺産に関わる国際認定制度は産地にメリットがあるのか——世界農業遺産の能登半島における伝統野菜・地名を冠する農産品の価格動向の分析を中心として」追手門学院大学ベンチャービジネス研究所編『人としくみの農業——地域をひとから人へ手渡す六次産業化』追手門学院大学出版会、1〜24頁

［6］香坂玲、冨吉満之（２０１５）『伝統野菜の今 地域の取り組み、地理的表示の保護と遺伝資源』清水弘文堂書房、アサヒ・エコ・ブックスNo. 37

［7］Kohsaka, R., Tomiyoshi, M., Saito, O., Hashimoto, S., Mohammend, L. (2015) Interactions of knowledge systems in shiitake mushroom production: a case study on the Noto Peninsula, Japan. *Journal of Forest Research*, **20** (5), 453-463.

[８] 香坂玲、内山愉太（２０１６）「なぜ地域団体商標と地理的表示への申請をするのか：石川県能登地域における農産品の事例と林産品への示唆」久留米大学ビジネス研究所紀要、1、85～98頁
[９] 香坂玲、内山愉太、田代藍（２０１８）「過疎化・人口減の縮小社会における伝統的生態学的知識の喪失とイノベーション」日本健康学会誌、84（6）、２１４～２２３頁
[10] 国土交通省（２０１５）『平成26年度国土交通省白書』
[11] 松尾忠直（２０１０）「日本におけるキノコ類産地の地域的変化」地球環境研究、12、53～66頁
[12] 日本政策投資銀行、日本経済研究所（２０１２）「食と農の成長（輸出）戦略の再構築に関する検討」http://www.dbj.jp/pdf/investigate/area/niigata/pdf_all/niigata1203_01.pdf（２０１７年11月30日閲覧）
[13] 林野庁（２０１７）『平成28年度 森林・林業白書』
[14] Tashiro, A., Uchiyama, Y., Kohsaka, R. (2018) Internal processes of Geographical Indication and their effects: an evaluation framework for geographical indication applicants in Japan. *Journal of Ethnic Foods*, **5** (3), 202-210.
[15] Uchiyama, Y., Matsuoka, M., Kohsaka, R.（2017）Apiculture knowledge transmission in a changing world: Can family-owned knowledge be opened? *Journal of Ethnic Foods*, **4** (4), 262-267.
[16] 吉川洋（２０１７）『人口と日本経済――長寿、イノベーション、経済成長』中央公論新社（中公新書）、１０７～１１０頁に関連した議論

謝辞

本研究は、ＭＥＸＴ／ＪＳＰＳ科研費JP26360062, JP16KK0053, JP17K02105, JP17H01682, JP17H04627及び環境省環境研究総合推進費（S15-2［3］）、総合地球環境学研究所［No.14200126］電子情報化が進む時代の生物・遺伝資源の利用と公正な利益配分：知財・ストーリーを通した生計向上と農業生物多様性保全（代表：香坂玲）、（公財）アサヒグループ学術振興財団、（公財）トヨタ財団、（一財）北海道東北地域経済総合研究所の研究助成の一環として実施された。

執筆者一覧

［監修者］

佐藤洋一郎（さとう・よういちろう）

京都府立大学教授、総合地球環境学研究所名誉教授。専門は植物遺伝学。

一九五二年生まれ。京都大学大学院農学研究科修了。

主な著書に、『森と田んぼの危機』（朝日新聞社、一九九九年）、『イネの歴史』（京都大学学術出版会、二〇〇八年）、『食の人類史』（中央公論新社、二〇一六年）など。

［編集者］

香坂　玲（こうさか・りょう）

名古屋大学大学院環境学研究科教授。専門は農林分野の資源管理論。

一九七五年生まれ。東京大学大学院農学生命科学研究科修了、独フライブルク大学にて博士号（理学）取得。

主な著書に、『地域再生――逆境から生まれる新たな試み』（岩波書店、二〇一二年）、『生物多様性と私たち――COP10から未来へ』（岩波書店、二〇一一年）など。

［執筆者］（五十音順）

飯田晶子（いいだ・あきこ）

東京大学大学院工学系研究科特任講師。専門は都市緑地計画。

一九八三年生まれ。東京大学大学院工学系研究科博士課程修了。

主な著書に、『島嶼地域の新たな展望――自然・文化・社会の融合体としての島々』（九州大学出版会、二〇一四年、共著）など。

内山愉太（うちやま・ゆた）

名古屋大学大学院環境学研究科特任講師。専門は都市地域計画、資源管理、地理情報科学。

一九八五年生まれ。千葉大学大学院工学研究科修了、工学博士。

主な著書に、『農林漁業の産地ブランド戦略――地理的表示を活用した地域再生』（ぎょうせい、二〇一五年、共著）、『人としくみの農業――地域をひとから人へ手渡す六次産業化』（追手門学院大学出版会、二〇一六年、共著)、『メガシティ2：メガシティの進化と多様性』(東京大学出版会、二〇一六年、編著)など。

岸岡智也(きしおか・ともや)

金沢大学先端科学・社会共創推進機構教務補佐員。専門は農村計画学。

一九八五年生まれ。京都大学大学院農学研究科修了。

主な著書に、『移住者の実態からみる都市農村関係論』(北斗書房、二〇一八年、共著)など。

神代英昭(じんだい・ひであき)

宇都宮大学農学部准教授。専門は農業経済学、フードシステム学。

一九七七年生まれ。東京大学大学院農学生命科学研究科博士課程修了。

主な著書に、『こんにゃくのフードシステム』(農林統計協会、二〇〇六年)、『福島 農からの日本再生――内発的地域づくりの展開』(農文協、二〇一四年、共編)、『わが国における農産物輸出戦略の現段階と展望』(筑波書房、二〇一三年、共編)など。

徳山美津恵(とくやま・みつえ)

関西大学総合情報学部教授。専門はマーケティング、ブランド論。

一九七六年生まれ。学習院大学大学院経営学研究科博士後期課程単位取得退学。

主な著書に、『地域ブランド・マネジメント』(有斐閣、二〇〇九年、共著)、『農林漁業の産地ブランド戦略――地理的表示を活用した地域再生』(ぎょうせい、二〇一五年、共著)、『プレイス・ブランディング』(有斐閣、二〇一八年、共著)など。

中村考志(なかむら・やすし)

京都府立大学教授。専門は食科学。

一九六七年生まれ。鹿児島大学農学部園芸学科卒、静岡県立大学大学院薬学研究科修了。

主な著書に、『地域特産物の生理機能・活用便覧』(サイエンスフォーラム、二〇〇四年、共著)、『食品加工・保蔵学』講談社サイエンティフィク、二〇一七年、共著)など。

【生命科学と現代社会】
縮小《しゅくしょう》する日本社会《にほんしゃかい》――危機後《ききご》の新《あたら》しい豊《ゆた》かさを求めて

2019年10月25日　初版発行

監修者　佐藤洋一郎
編集者　香坂　玲
発行者　池嶋洋次
発行所　勉誠出版株式会社
〒101-0051　東京都千代田区神田神保町3-10-2
TEL：(03)5215-9021(代)　FAX：(03)5215-9025
〈出版詳細情報〉http://bensei.jp

印刷・製本　中央精版印刷
ISBN 978-4-585-24302-1　C3060

生命科学と現代社会
海の食料資源の科学
持続可能な発展にむけて

マグロやサンマは食べ続けられるのか？　経済、国際交渉、地域、文化等の様々な価値観の中での資源管理を、日本発の考え方である「つくる漁業」の実例とともに考察。

佐藤洋一郎・石川智士・黒倉寿 編
本体三四〇〇円（＋税）

里山という物語
環境人文学の対話

里山なるものが形成されるトポスがはらむ問題、歴史的に形成・構築された言説のあり方を考え、里山という参照軸から自然・環境をめぐる人間の価値観の交渉を解明。

結城正美・黒田智 編・本体二八〇〇円（＋税）

里海学のすすめ
人と海との新たな関わり

沖縄県恩納村と白保、高知県柏島、岡山県日生、インドネシア、フィジーなど里海の事例を通じ、人と海とのつながりを深め、里海を創りだすための道筋を考察。

鹿熊信一郎・柳哲雄・佐藤哲 編
本体四二〇〇円（＋税）

アジアの人びとの自然観をたどる

森林・河川・沿岸域など、共有資源（コモンズ）をめぐる社会経済史とガバナンス。民俗学、言語学、環境学の視座から、自然と文化の重層的関係を解明する。

木部暢子・小松和彦・佐藤洋一郎 編
本体二八〇〇円（＋税）